//42// GUT GETARNT
Panzerbemalung und -alterung

//60// BEETLESNAKE
Metall-Modellauto im Reptiliendesign

//106// SPACE MARINE
Einfache Tabletop-Figur

EINFÜHRUNG

BASICS

STEP BY STEP

EXKURS

KÜNSTLER-PROFILE

Airbrush für Modellbau, 3D-Druck & Tabletop – Gleich drei Sachen auf einmal?

Der Modellbau gehört zu einem der ältesten Einsatzbereiche für die Airbrush-Technik. Der berührungsfreie Farbauftrag sowie die feine Vernebelung von Farbe ermöglicht die problemlose Bearbeitung jeglicher Objektformen, feinste Nuancen in der Farbgebung und damit eine detailgetreue und realitätsnahe Gestaltung von Modellen. Das Thema Modellbau und Modellgestaltung besteht aber längst nicht mehr nur aus den Klassikern wie Bahnen, Autos und Booten: Auch die Gestaltung von Figuren- und Fantasy-Modellen ist beliebt und erweitert das Spektrum bis hin in die Bereiche des 3D-Drucks, des Tabletop Gamings und des LEGO® Baus.

„Klassischer" vs. „moderner" Modellbau

„Airbrush für Modellbau, 3D-Druck & Tabletop" versucht erstmals, diesen Bogen vom klassischen Modellbau bis zu neuen Kreations- und Anwendungsbereichen von Figuren und Modellen zu spannen. Denn auch wenn es unter den Anwendern, also klassischen Modellbauern und -bahnern, LEGO® Bauern, Tabletop-Gamern und 3D-Druck-Künstlern, scheinbar eher wenig Überschneidungen gibt, so sind doch die Airbrush-Techniken für alle gleich: Nicht nur die allgemeine Handhabung, sondern vor allem Gestaltungstechniken wie Alterung und Verwitterung, Non-Metallic Metalleffekte, Struktur- und Maskiertechniken sind in all diesen Bereichen anwendbar. Da erhält eine historische Lok ähnliche Schmutz- und Abnutzungsmerkmale wie ein Fantasy-Raumschiff, ein Panzer oder ein Modellflugzeug. Metallisch glänzende Elemente können sowohl Teil von Modellautos oder -eisenbahn sein als auch von Rüstungen der Fantasy-Figuren aus 3D-Druck und Tabletop. Gerade der 3D-Druck wird sowohl im Tabletop Gaming als auch im Modellbau immer beliebter, um eigene individuelle Figuren und Objekte jeder Größe herzustellen.

Airbrush-Gestaltung als Mehr-Generationen-Projekt

Der klassische Modellbau gilt heute leider bei vielen als altmodisch – als „Alt-Herren-Hobby". Doch vor allem durch die individuelle Bemalung findet das Thema immer wieder auch unter jungen Leuten neue Liebhaber. Ob nun Plastik- oder Metallmodell aus dem Modellbauladen, selbst zusammengebaut aus einem Modellbausatz oder aus Bausteinen, 3D-gedruckt oder schon fertig, zum Anschauen oder zum Spielen – die Motivationen und Faszinationen von Modellen und Figuren sowie die Herausforderung, sie nach eigenen Ideen und mit eigener Hand individuell zu gestalten, sind heute vielfältiger und moderner denn je. Nicht umsonst bezeichnete der britische Anbieter von 3D-Druck-Vorlagen, Gambody, die Bemalung von 3D-Druck-Objekten erst kürzlich als „Kunst der Zukunft", bei der „außergewöhnliche Gestaltungsfreiheit und Vorstellungskraft (...) erlebt werden" kann. Wie schön wäre also die Vorstellung, mit diesem Buch alte und junge Modell-Gestalter an einen Tisch zu bringen und zum gemeinsamen Kreativ-Sein mit der Airbrush zu inspirieren?

Ideensammlung statt Lehrbuch

Insofern ist das vorliegende Buch kein klassisches Lehrbuch für Airbrush im Modellbau; davon gab und gibt es schon einige am Markt. Es ist vielmehr eine Sammlung kreativer Airbrush Gestaltungsideen aus vielen verschiedenen Bereichen der modernen Modell- und Figuren-Gestaltung für alle, die sich nicht scheuen, auch mal einen Blick in andere Objektbereiche als nur den eigenen zu werfen und davon zu lernen. Natürlich darf auch hier im Vorfeld eine grundlegende Einführung in die Airbrush-Technik nicht fehlen: Ein Überblick über die verschiedenen Airbrush- und Kompressoren-Typen soll bei der Auswahl der individuell richtigen Ausstattung helfen, die bei jedem Modell-Künstler anders aussehen kann. Ebenso ist auch das Kapitel zum Thema Farben zu verstehen: Es gibt einen Einblick in das aktuelle Marktangebot (ohne Anspruch auf Vollständigkeit) und konzentriert sich dabei im Wesentlichen auf die in den Modellbau-Projekten dieses Buches verwendeten Marken.

Seien Sie offen und kreativ

Ebenso bunt wie die gezeigten Projekte sind auch die Künstler, die sie erschaffen haben: Die meisten von ihnen sind, wie Sie, lieber Leser, wahrscheinlich auch, Hobby-Airbrusher und -Modellbauer. Einige bemalen Modelle und andere Gegenstände auch gelegentlich im Auftrag oder geben ihr Wissen über die Airbrush-Technik in Kursen an andere weiter. Einige verfolgen mit ihrer Gestaltung eher die klassischen Modellbau-Ziele wie die realistische Nachahmung von Vorbildern aus der Geschichte oder aus Filmen, andere gestalten ihre Modelle komplett frei mit eigenen Designs. Der Anspruch ist bei jedem Modellbauer und -gestalter anders, auch die genutzten Materialien und Herangehensweisen können sich unterscheiden. Das ist das Schöne am Kreativ-Sein: Es gibt kein Richtig und kein Falsch, so lange es auf dem jeweiligen Untergrund funktioniert.

Schauen Sie sich also mit aller Offenheit die Tipps, Tricks und Techniken der erfahrenen Airbrusher ab, um sie bei Ihren eigenen Projekten kreativ und erfolgreich umzusetzen. Und lassen Sie sich nicht entmutigen, wenn etwas nicht sofort klappt. Es gehört viel, viel Übung dazu und manchmal auch eine Prise Talent. Das Wichtigste ist, dass Sie Spaß am Gestalten und an Ihren Modellen und Figuren haben. Alles andere kommt von selbst.

Ihr Roger Hassler
Schwarzenbek im November 2020

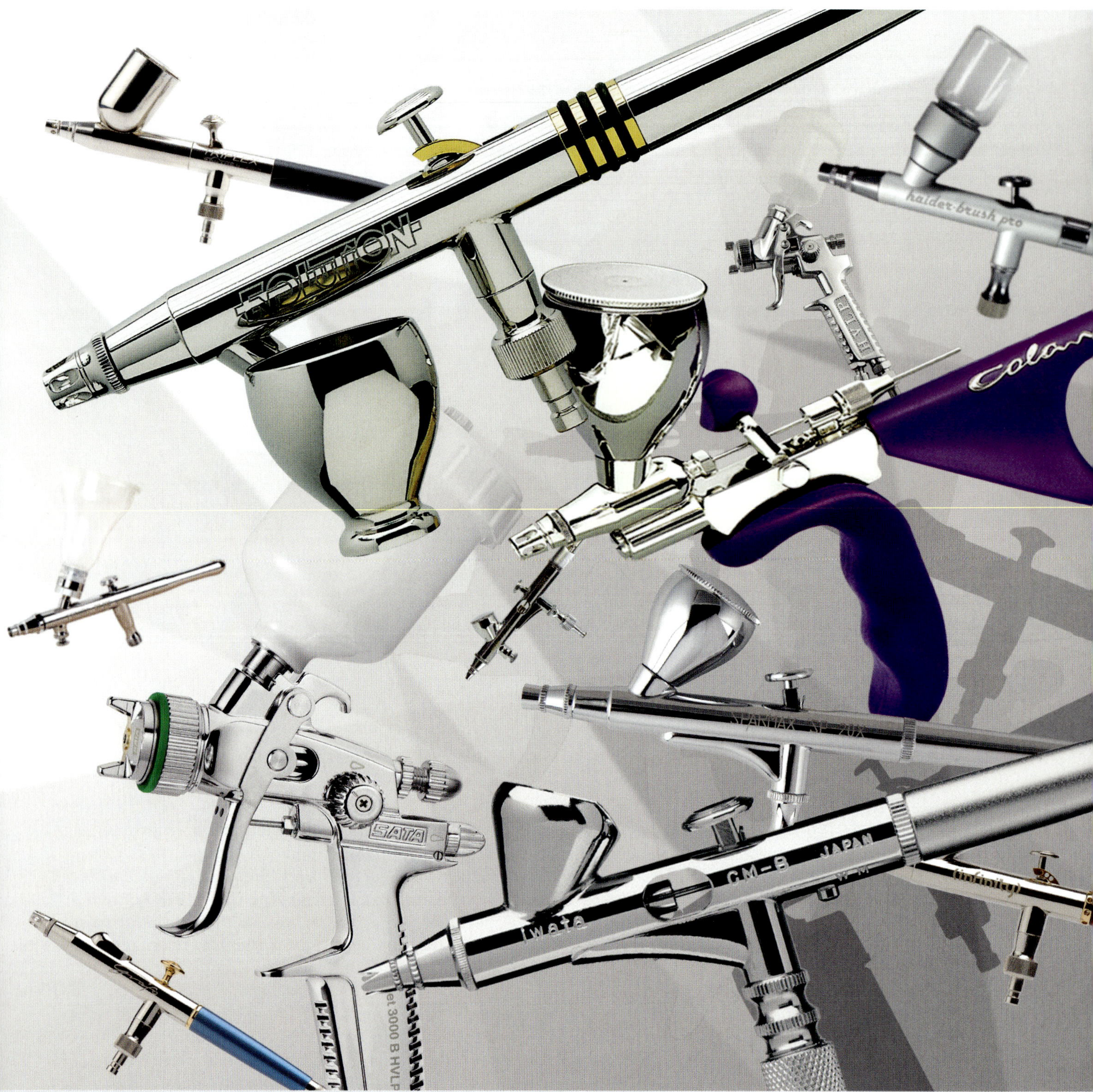

Das richtige Airbrush-Gerät

Mit dem Kauf eines Airbrush-Gerätes fängt alles an – aber welches? Es gibt so viele Modelle, unterschiedliche Techniken, in allen Preislagen von 20 bis 500 Euro. Eine kompetente Beratung ist nur selten zu bekommen, denn die Zahl der spezialisierten Fachhändler in Deutschland, Österreich und der Schweiz lässt sich jeweils an einer Hand abzählen. Umso größer ist dafür das Angebot im Internet. Wer sich allerdings mit Gerätetypen, -marken und -eigenschaften der verschiedenen Airbrushes nicht auskennt, sucht trotzdem nach der Nadel im Heuhaufen.

Um Licht in dieses Dunkel zu bringen, fangen wir ganz am Anfang an: Egal, für welches Modell Sie sich entscheiden – das Grundprinzip ist bei allen Airbrushgeräten nahezu identisch. Und das seit über 120 Jahren!....

Damals wurde der feine Farbspritzapparat zum Kolorieren und Retuschieren von Fotos erfunden. Die von Charles L. Burdick sowie Olaus C. Wold in den 1890er Jahren patentierten Geräte besaßen bereits eine Düse mit feiner Bohrung, eine Nadel, einen Farbnapf und einen Bedienhebel ähnlich wie die heutigen Geräte. Erst in den folgenden Jahren variierten die Hersteller die Grundmodelle und schufen für die wachsende Zahl der Airbrush-Anwendungsgebiete die heutige Auswahl in Sachen Farbzufuhr, Bedienbarkeit und Düsengrößen. Und so ist es heute vor allem der Einsatzzweck, der darüber bestimmt, welches Gerät mit welchen Eigenschaften dafür am besten geeignet ist.

Fig. 6. Air brush in Anwendung.

// VON DER FOTORETUSCHE ZUM MODELLBAU

Anfang des 20. Jahrhunderts zeigte sich schnell, dass der berührungsfreie, gleichmäßige, schnelle und dünne Farbauftrag mit der Airbrush nicht nur für die Fotoretusche geeignet ist, sondern auch für vieles Andere. So macht man sich in der Kunst und Illustration bis heute die weichen Farbübergänge und Schattierungen zunutze, die ein Motiv besonders realistisch wirken lassen.

In den fünfziger Jahren kam das sogenannte Custom Painting oder auch individuelle Fahrzeugbemalung hinzu. Hier punktet die Airbrush vor allem dadurch, dass sie den Untergrund nicht berührt und sich so optimal jeder Oberflächenform anpasst.

Darin liegt auch der Vorteil der Airbrushtechnik im Modellbau und Tabletop-Bereich. Auch hier setzt sich die Airbrush über

jegliche Oberflächenstruktur hinweg und ermöglicht schnelles, effizientes Arbeiten. Bei der Gestaltung realistischer Miniaturfiguren macht sich die feine Farbdosierung und die punktuelle Genauigkeit der Airbrush bezahlt.

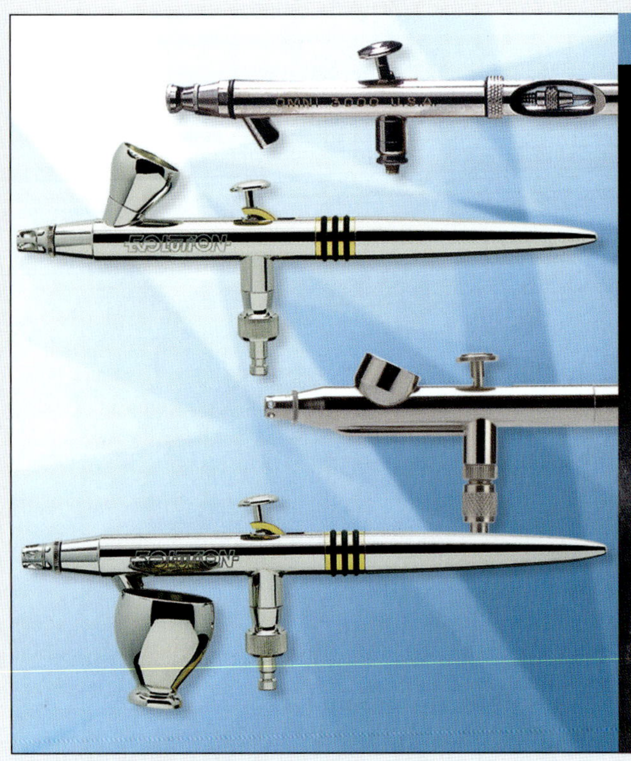

FLIESS- ODER SAUGSYSTEM?

Eine ganz banale Frage, die man sich hinsichtlich des eigenen Anwendungsgebietes und der dazu passenden Airbrush stellen sollte, ist: Brauche ich viel oder wenig Farbe?

So beantworten Sie in Sekunden die Frage Ihres Fachhändlers, ob Sie denn ein Fließ- oder Saugsystem haben möchten. Bei sogenannten Fließsystemen wird die Farbe über einen oben aufgesetzten Becher zugeführt. Hier können in der Regel nur geringe Farbmengen (je nach Gerät bis zu ca. 7 ml) eingefüllt und verarbeitet werden. Deshalb werden Fließsystem-Geräte meist auch mit kleinen Düsengrößen für Detailarbeiten ausgeliefert.

Für größere Farbmengen eignet sich das Saugsystem, das die Farbe aus einem unterhalb des Gerätes befestigten Behälter bezieht. Im Modellbau eignet sich ein solches Gerät wirklich nur für die flächige Lackierung und Ausarbeitung von Großmodellen.

Eine untergeordnete Rolle auf dem Markt spielen Seitenanschluss-Geräte, an denen sich seitlich (wahlweise links oder rechts) am Gerät ein nach oben oder unten ausgerichteter Farbbehälter befindet.

// SINGLE VS. DOUBLE ACTION

Wie steuere ich Luft und Farbe am Gerät? Wie fein und kontrolliert möchte ich arbeiten? Bei der Bedienbarkeit wird es schon etwas schwieriger. Hier unterscheiden sich Airbrush-Geräte in Single Action, Double Action und Gekoppelte / Kontrollierte Double Action. Im Modellbau wurden jahrzehntelang einfache Single Action Geräte verkauft. Diese sind billiger und leichter zu handhaben, eignen sich im Prinzip aber nur für flächige Lackierungen. Allgemein hat im Airbrush-Markt bis heute die „Ur-Funktion" von vor 100 Jahren, die Double Action, die Nase vorn. Trotz ihrer „komplizierteren" Handhabung sind die meisten im Airbrush-Fachhandel angebotenen und von Künstlern genutzten Airbrushes (vermutlich über 90%) Double Action-Geräte.

Airbrushes mit doppelter Hebelfunktion (Double Action) ermöglichen nämlich die getrennte Regulierung von Luft und Farbe und erzielen damit die bestmögliche Kontrolle. Durch Herunterdrücken des Hebels wird die Luftzufuhr eingeschaltet, das Zurückziehen des Hebels aktiviert die Farbe. Im Rahmen des Hebelwegs lässt sich die Farbmenge mit dem Hebel dosieren. Durch diese Variationsmöglichkeit eignen sich die Geräte auch für feinste Detailmotive.

// FUNKTIONSWEISE: DOUBLE ACTION

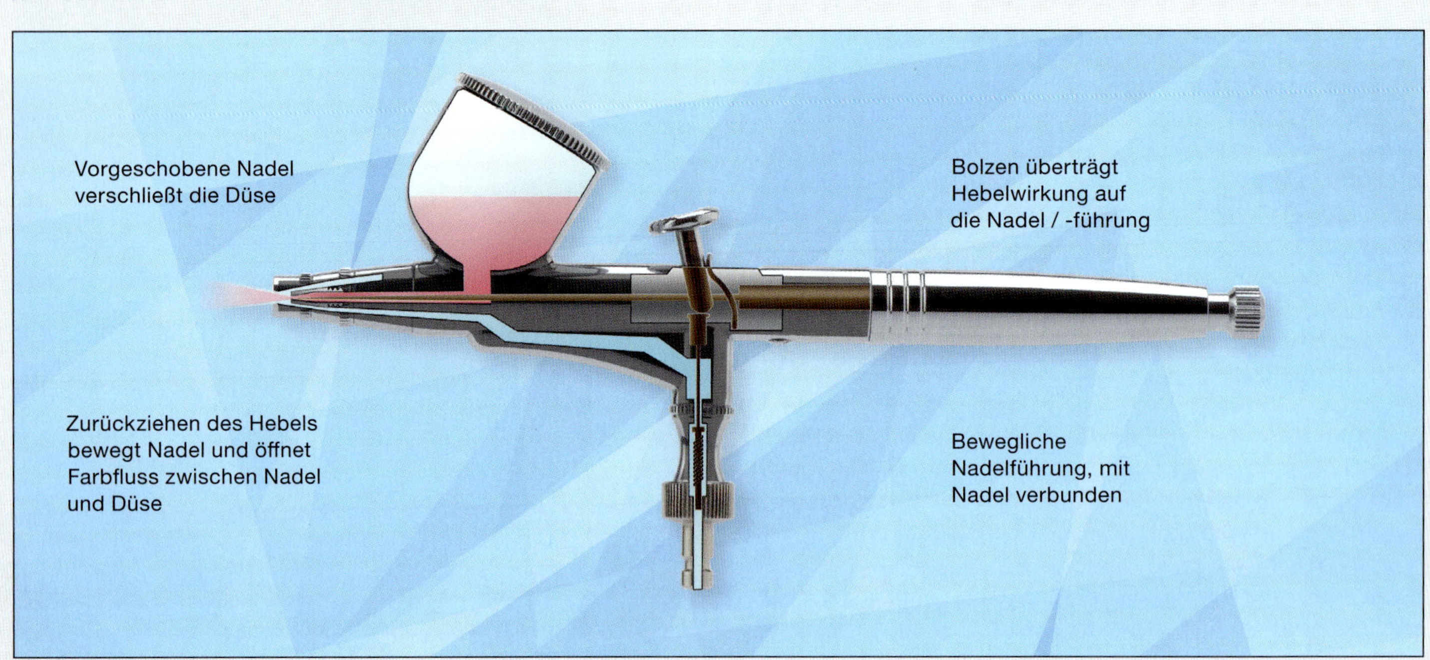

Geräte mit gekoppelter/kontrollierter Double Action sind eine Variation davon, bilden aber eher die Ausnahme auf dem Markt, obwohl sie von der Sprühqualität und den Einsatzmöglichkeiten her mit der herkömmlichen Doppelfunktion zu vergleichen sind. Durch Zurückziehen des Hebels werden sowohl Luft als auch Farbe aktiviert. Zieht man den Hebel nur ganz wenig nach hinten, wird die sogenannte Vorluft in Gang gesetzt, zieht man weiter, bewegt sich auch die Nadel aus der Düse und die Farbe wird freigesetzt. Also muss man bei dieser Gerätegattung den Hebel nicht mehr runterdrücken, was die Handhabung vereinfacht und auch für Kinder sehr gut geeignet ist.

// FUNKTIONSWEISE: KONTROLLIERTE DOUBLE ACTION

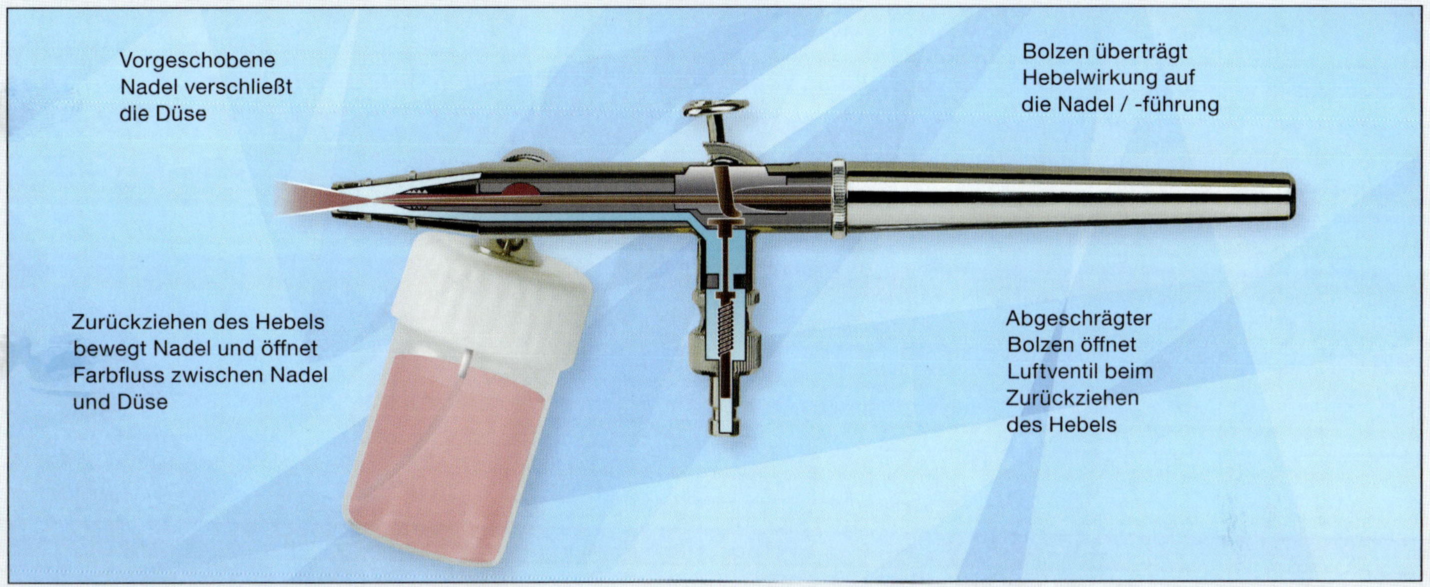

Ein **Single-Action-Gerät** ist dagegen eher mit einem einfachen Zerstäuber gleichzusetzen. Beim Herunterdrücken des Hebels wird sowohl der Luftstrom als auch die Farbzufuhr aktiviert. Luft und Farbe können dabei nur ein- und ausgeschaltet, aber nicht reguliert bzw. variiert werden. Diese Geräte eignen sich im Modellbau lediglich für einfache Flächengrundierungen.

// FUNKTIONSWEISE: SINGLE ACTION

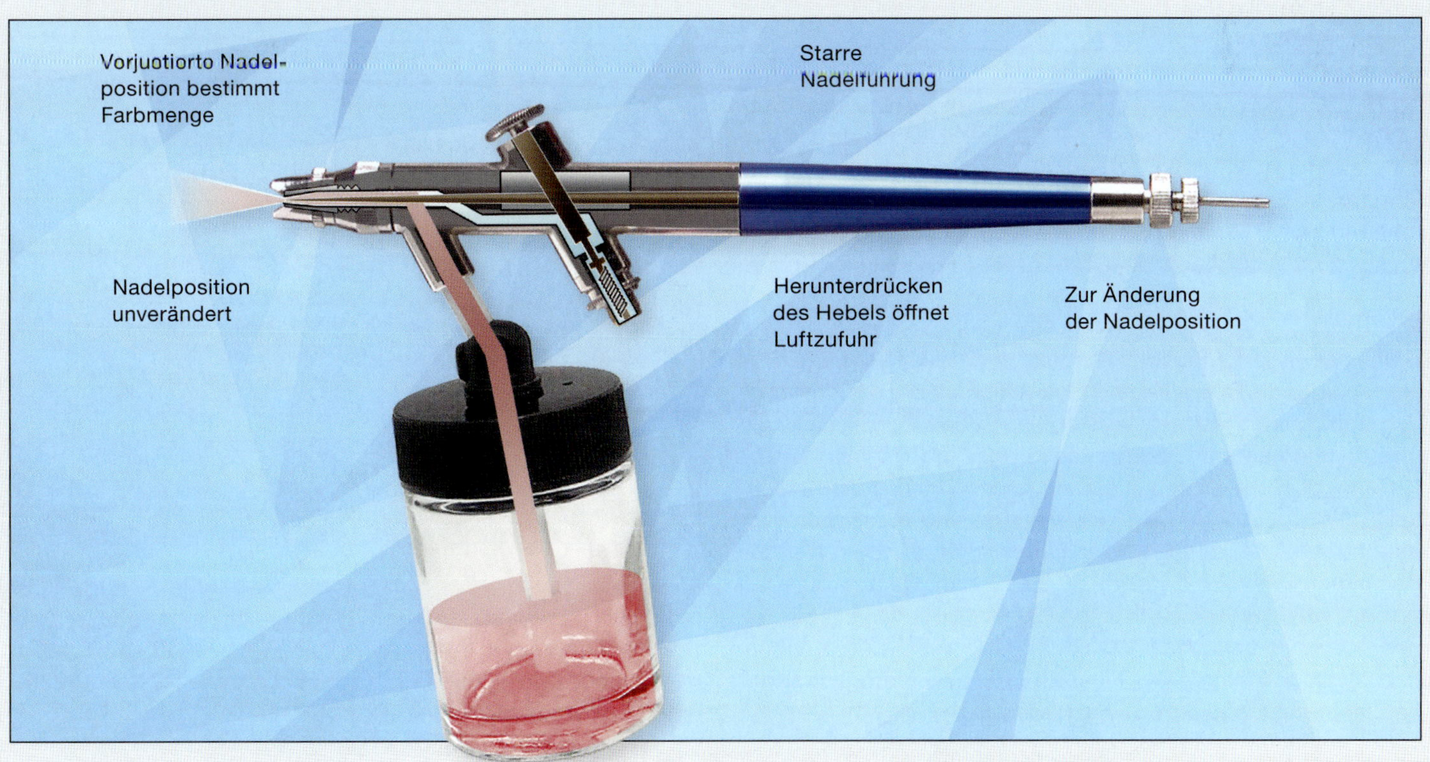

// NADELN UND DÜSEN

Unabhängig von den Merkmalen Farbzufuhr und Bedienbarkeit können Sie sich auch noch für unterschiedliche Düsengrößen entscheiden. Hierbei sollten Sie sich diese beiden Fragen stellen:

// Mit welcher Farbsorte arbeite ich in meinem Einsatzgebiet?

// Wieviel Farbe möchte ich versprühen?

Grundsätzlich sind handelsübliche Airbrush-Geräte mit Düsensätzen mit einem Durchmesser zwischen ca. 0,15 und 0,6 mm ausgestattet. Ein Düsensatz besteht aus der Düse, durch die die Farbe versprüht wird, und der dazu passenden Nadel,

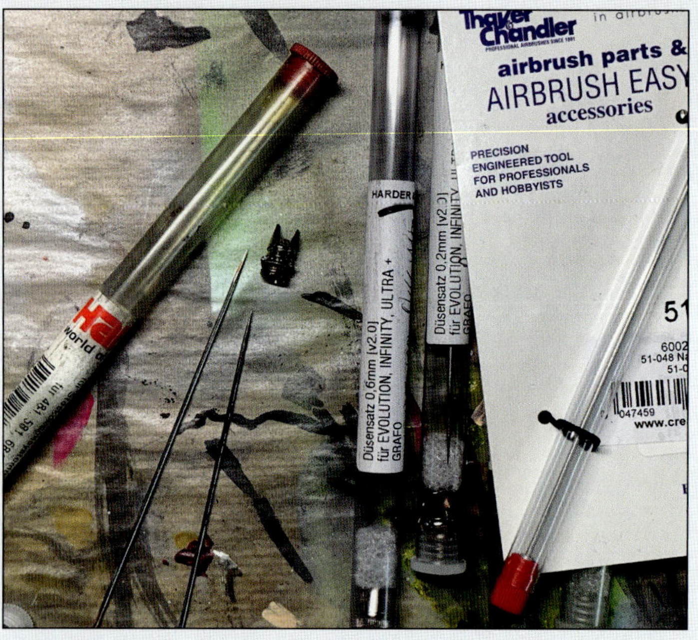

die die Farbe zur Düse „transportiert" und die Düse öffnet bzw. verschließt. Je kleiner der Düsen- bzw. Nadeldurchmesser ist, desto feiner lässt sich der Sprühstrahl justieren. Dementsprechend kommen kleine Düsensätze bei Details und Feinarbeiten zum Einsatz, große Düsensätzen bei großformatigen und Flächenarbeiten. Je größer die Objekte werden, umso mehr Sinn macht es auch, größere Düsen zu verwenden, damit schneller Farbe aufgetragen werden kann.

Doch neben der Motivgröße spielt auch die Farbsorte eine entscheidende Rolle: Feine Düsensätze sind eher empfindlich und können schnell verstopfen. Daher eignen sich „dickere", lösungsmittelhaltige Lacke oder grobpigmentiertere Farben oft nicht so gut für ganz feine Düsen. Feinpigmentierte Airbrush-Farben auf Wasserbasis sind da einfacher zu handhaben. Die größte Anwendungsvielfalt auch im Modellbau bieten Düsen in der Größe 0,2 / 0,3 mm. Gestandene Airbrush-Profis können auch mit größeren Düsen ein recht feines Spritzbild erreichen. Wiederum nutzen Fine Art Künstler und Miniatur-Maler lieber kleinere Düsen, um möglichst genau und ganz detailliert zu illustrieren.

// STECK- VS. SCHRAUBDÜSEN

Eher Geschmackssache ist wohl die Frage, ob man Geräte mit Steck- oder mit Schraubdüsen bevorzugt. Geräte, die in den USA oder Deutschland hergestellt werden, haben traditionell eher Steckdüsensysteme eingebaut.

Vorteil: Düsensätze unterschiedlicher Größe und auch defekte Komponenten lassen sich schnell und einfach tauschen. Nachteil: Ist die Saugkappe nicht richtig zugedreht, blubbert es im Farbbehälter.

Geräte aus China, Taiwan und Japan werden in der Regel mit Schraubdüsensystemen ausgeliefert. Hier ist die Düse direkt mit dem Gehäuse verschraubt.

Vorteil: Es gibt weniger Dichtungsproblematiken. Nachteil: Das Ausbauen dauert etwas länger und unerfahrene Benutzer können die Düse durch das Drehen in die falsche Richtung abbrechen.

Meistens ist es nicht vorgesehen, bei dieser Produktgattung auf einen Düsensatz anderer Größe umzurüsten. Das bedeutet, man kauft bei unterschiedlichen Anwendungsgebieten meist mehrere Airbrushes mit verschiedenen Düsengrößen und Farbbechergrößen.

// „SCHNÄPPCHEN" VS. MARKENGERÄT

Wie bei vielen anderen Produkten wäre es auch bei Airbrushes zu einfach zu sagen: Teuer ist gut, billig ist Müll. Wobei die Tendenz dabei natürlich stimmt. Hinter der Frage des Preises verbergen sich jedoch eher folgende Merkmale: Verarbeitungsqualität, Verfügbarkeit von Ersatz- und Verbrauchsteilen, verständliche Bedienungsanleitungen und Service.

Auch bei ganz billigen Apparaten kommt sicherlich Farbe raus. In der Regel sind auch diese Airbrushes mit modernsten CNC-Geräten produziert. Um diesen günstigen Preis zu gewährleisten, wird allerdings z.T. minderwertiges Metall verwendet, die Geräte werden nicht fein nachgearbeitet und es gibt keine Qualitätssicherung. Dadurch lassen sich die Komponenten häufig schwierig abschrauben, quietschen oder klemmen. Ist die Nadel am Ende z.B. nicht nachpoliert, kann man sich an der scharfen Kante verletzen. Werden diese Geräte im Werk nicht probegesprüht, kann auch nicht gewährleistet werden, dass Düse und Nadel harmonieren und das Spritzbild in Ordnung ist.

Viele Anfänger, die mit so einem Gerät starten, können gar nicht genau einschätzen, ob das schlechte Spritzbild am eigenen Unvermögen liegt oder ob das Gerät einfach nicht so toll funktioniert. Auch verständliche, deutsche Bedienungsanleitungen sucht man in der Regel bei Billiggeräten vergeblich. Ebenso wichtig ist die Ersatzteilversorgung: Auch ein bei Ebay billig erstandenes Airbrush-Gerät braucht früher oder später einen neuen Düsensatz oder anderes Teil. Deshalb sollte der Anbieter auch diese Produkte mit im Sortiment haben.

Geräte von Markenherstellern haben sich jahrzehntelang am Markt etabliert, meist sogar weltweit. Es gibt immer wieder Überarbeitungen und Verbesserungen an den Modellen und in der Regel treten überhaupt keine Verarbeitungsmängel auf. Insofern kann man sich bei Markengeräten voll und ganz auf die Technik verlassen und sich auf das Gestalten seiner Motive und Modelle konzentrieren. Und selbst wenn doch mal etwas sein sollte, gewährleisten Fachhändler und Hersteller eine lückenlose Ersatzteilversorgung und Garantieleistung. Man kann mit dem Hersteller direkt oder einem Fachhändler Kontakt aufnehmen, um Fragen zu den Produkten zu klären. Für viele Markengeräte gibt es zusätzliche Bauteile und Features zum Nachrüsten, und auch die Dokumentation erstreckt sich von der mehrsprachigen Bedienungsanleitung bis hin zu ausführlichen Videos auf den Herstellerwebsites.

// EINKAUFEN BEIM FACHMANN

Zu den genannten unterschiedlichen Funktions- und Konstruktionsmerkmalen kommen weitere minimale Nuancen, die design- oder produktionsbedingt sind. Ein Gerät ist silber, das andere schwarz, wiederum ein anderes hat einen roten Griff. Die eine Airbrush fühlt sich leichter an und der Hebel ist einfacher zu bewegen, die andere hat einen stärkeren Zug. Auch der Abstand von Hebel und Becher oder die Form der Fingerauflage kann für den einen Anwender unhandlich, für den anderen gerade perfekt sein. Dann ist es super, wenn man das Airbrushgerät seiner Wahl vorher ausprobieren kann. Dies geht bei einigen Fachhändlern vor Ort, aber auch auf Airbrush- und Modellbauausstellungen, Messen und Events. Außerdem besteht häufig die Möglichkeit, bei Seminaren und bei Club- sowie Stammtischtreffs unterschiedliche Geräte auszuprobieren und kennenzulernen.

// FAZIT

Es gibt kein Airbrushgerät, das nur super gut ist und nie Probleme macht. Denn ein Airbrushgerät ist mechanisch und hat auch seine entsprechende – nennen wir es mal – Tagesform. Dies hängt zusammen mit der Abnutzung der Komponenten, der Sauberkeit des Gerätes, aber auch mit der verwendeten Farbe, deren Konsistenz und zu guter Letzt sogar von der Umgebungstemperatur und Luftfeuchtigkeit ab.

// AIRBRUSH-GERÄTE IM ÜBERBLICK

Hier finden Sie einen kleinen, aber bei weitem nicht vollständigen Überblick über aktuelle und beliebte Airbrush-Modelle, sortiert nach Düsengröße, Anwendungsgebiet und Preis. Die Preise sind grobe Angaben und können je nach Angebot, Preisempfehlung und Wechselkurs schwanken. Die meisten Hersteller decken die ganze Bandbreite der Düsengrößen und Anwendungsgebiete ab oder liefern sogar Sets mit unterschiedlichen Komponenten aus. Diese Vielzahl an Optionen können wir somit gar nicht in unserer Grafik abbilden und bitten Sie, sich zusätzlich bei Fachhändlern und Herstellern über das aktuelle Angebot zu informieren.

HÖHERER PREIS

Badger Sotar 20/20 - 1

ca. 290 €

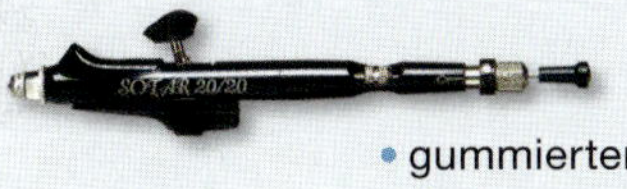

- gummierter Hebel
- Farbmengenregulierung
- offene Nadelschutzklappe

Mr. Hobby PS 770 - 0.18mm

ca. 340 €

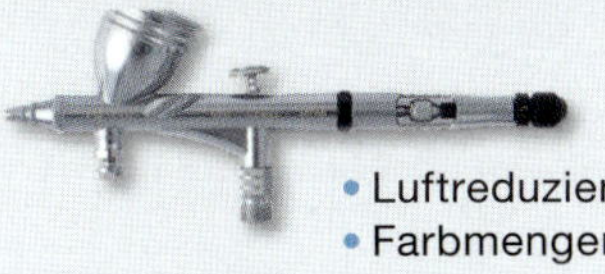

- Luftreduzierung
- Farbmengenregulierung

Iwata Custom Micron CM-B2

ca. 420 €

- Farbmengenregulierung
- Kronkappenhalterung
- regulierbarer Fingerhebel-Druck

Hansa 281

ca. 122 €

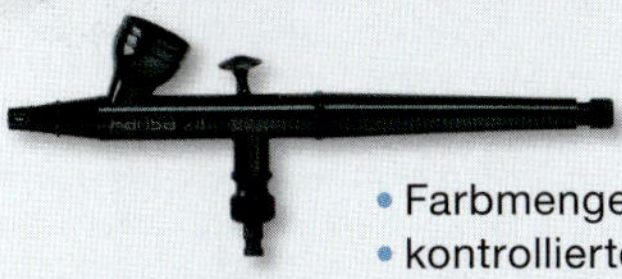

- Farbmengenbegrenzung
- kontrollierte Double Action

Tamiya HG III

ca. 124 €

- Farbmengenbegrenzung

Iwata HP BH 200

ca. 295 €

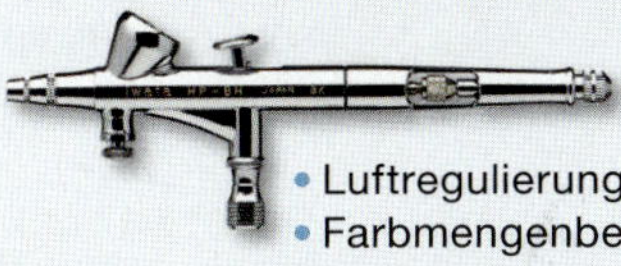

- Luftregulierung
- Farbmengenbegrenzung

Meng Vermillion Bird

ca. 100 €

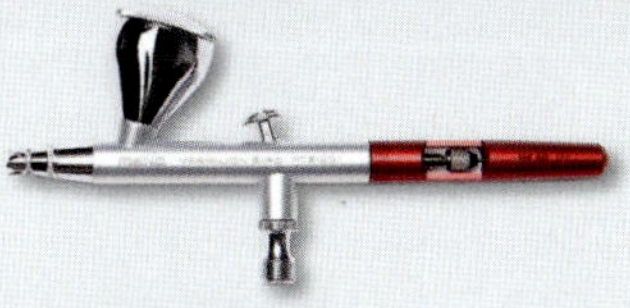

Iwata Revolution HP-BR

ca. 120 €

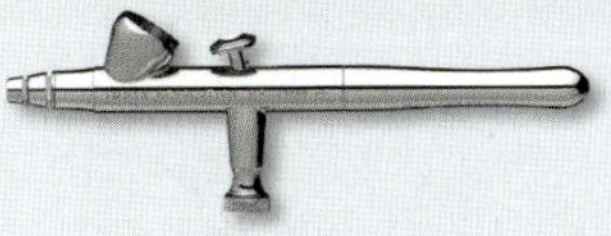

Paasche Talon

ca. 130 €

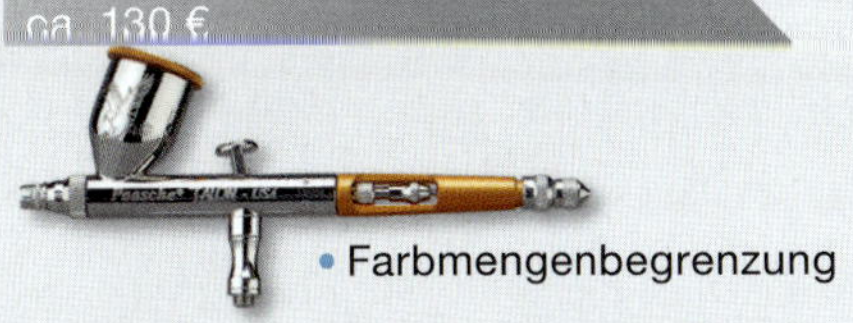

- Farbmengenbegrenzung

H&S Evolution Silverline M

ca. 140 €

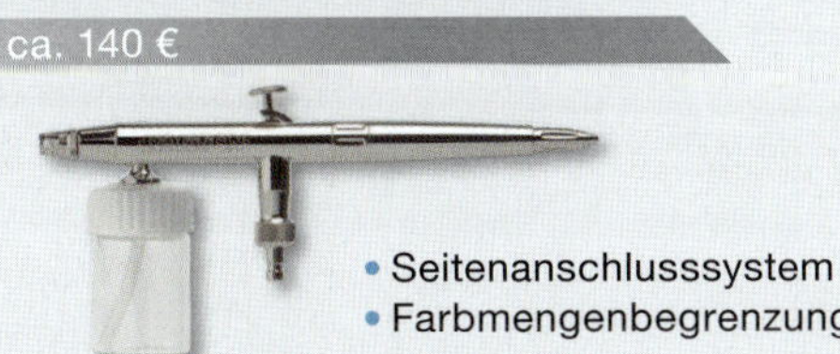

- Seitenanschlusssystem
- Farbmengenbegrenzung

Iwata Neo TRN 2

ca. 150 €

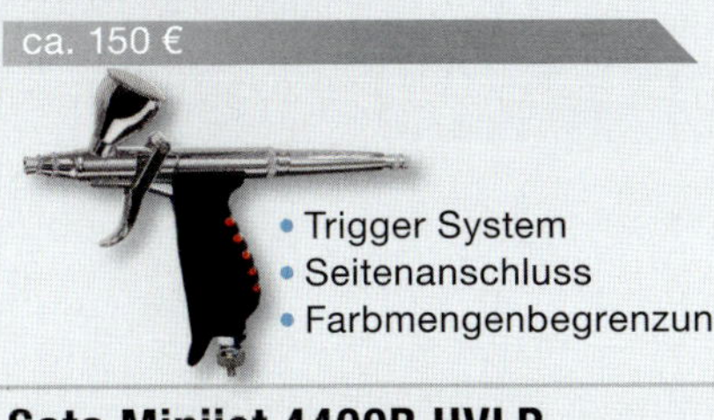

- Trigger System
- Seitenanschluss
- Farbmengenbegrenzung

Revell Master Class 360 / Badger 360

ca. 200 €

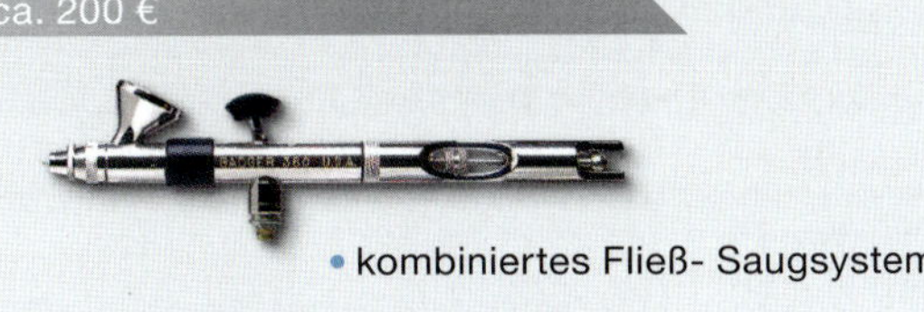

- kombiniertes Fließ- Saugsystem

Sata Minijet 4400B HVLP

ca. 350 €

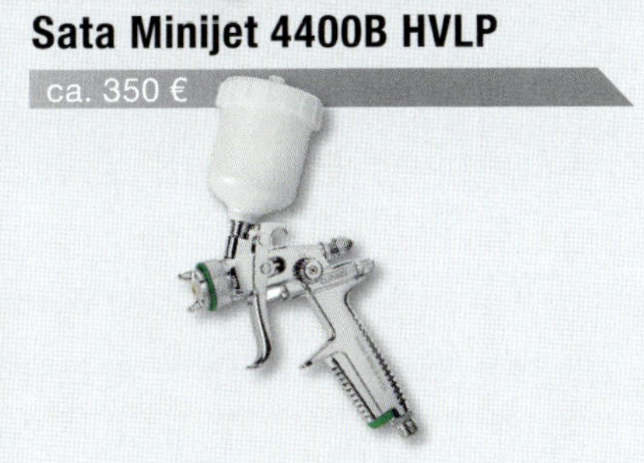

Iwata LPH-400 classic plus

ca. 600 €

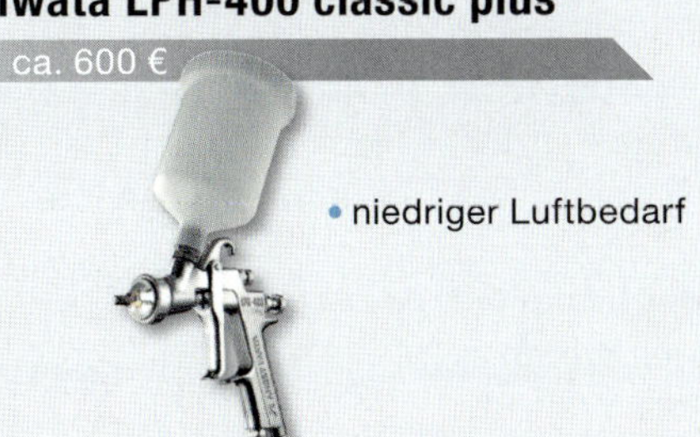

- niedriger Luftbedarf

- besondere Ausstattungs-merkmale

* H&S = Harder & Steenbeck

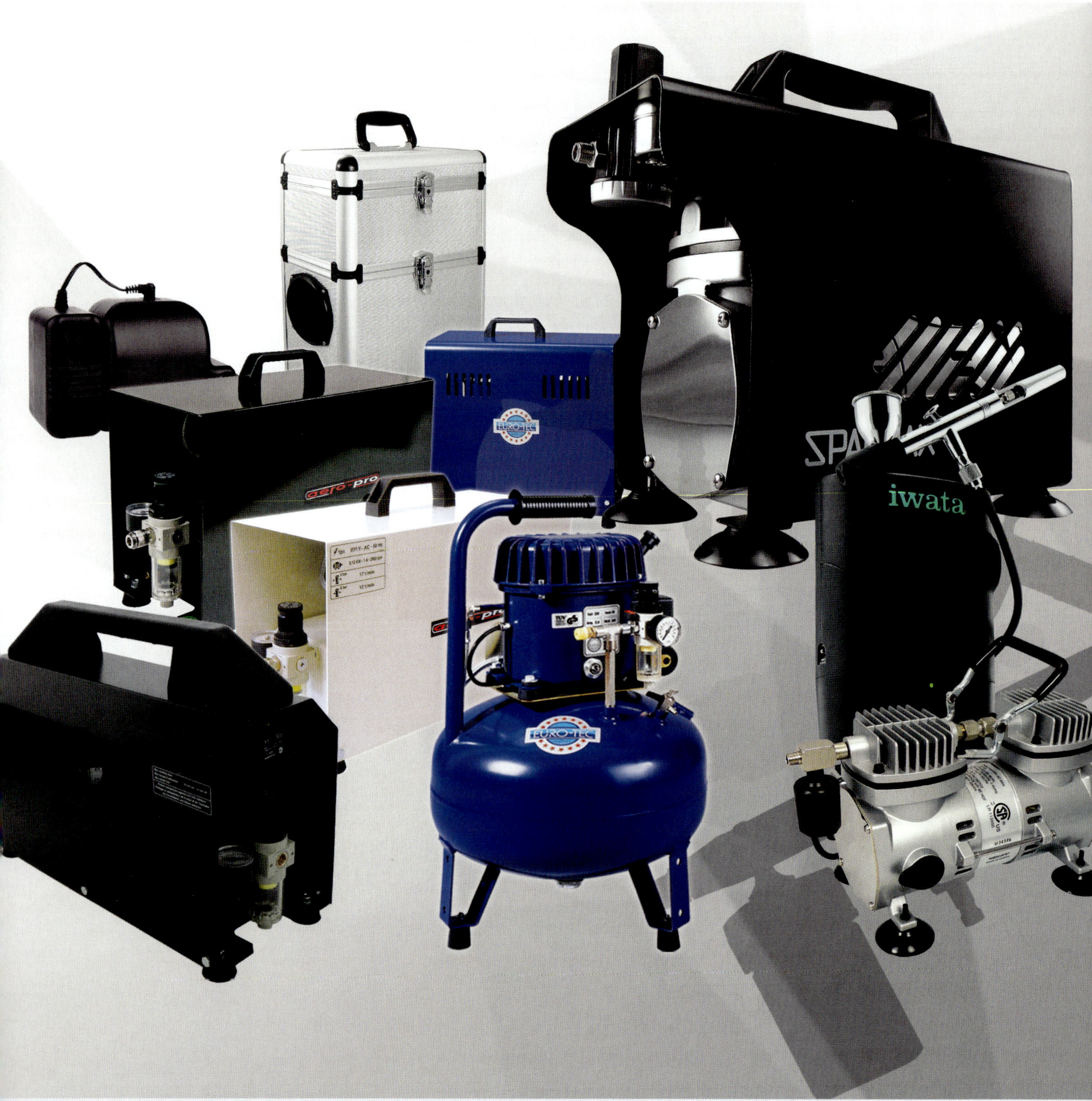

Der richtige Kompressor

Air-Brush – das wichtigste Werkzeug steckt bereits im Namen: Die Luft. Ohne sie geht gar nichts. Deshalb sollte man sein Augenmerk nicht nur auf die Auswahl von Spritzpistole und Farben richten, sondern auch auf die Luftquelle – sprich: den Kompressor.

Wie sollte es anders sein: Das Angebot ist sehr vielfältig. Für einen Anfänger sind die Anschaffungskosten eines Kompressors nicht unerheblich. Ein Kompressor kann ohne Weiteres mehr kosten als alles andere, was er benötigt, um an den Start zu gehen. Deshalb kommt es oft zu einem Kompromiss zwischen dem, was man eigentlich braucht und wieviel man auszugeben bereit ist. Die langlebigen und leistungsfähigen Kompressoren kosten naturgemäß am meisten.

// WER BILLIG KAUFT, KAUFT ZWEIMAL

Am Kompressor nicht zu sparen, ist dennoch die beste Empfehlung, die man einem Anfänger geben kann. Denn eine wirklich zuverlässige Luftquelle kann einem viel Ärger ersparen. Ein nicht eingehaltener Ausstellungstermin wegen eines Kompressorausfalls oder gar ein Wassertropfen auf dem neuen Modell ist das Letzte, was man gebrauchen kann. Viele starten mit Billigkompressoren und merken dann, dass es damit nicht klappt. Erst dann kaufen sie ein besseres Modell. Doch wie unterscheidet man gut und schlecht? Gerade der Airbrush-Neuling kann nicht beurteilen, ob ein schlechtes Spritzbild am Airbrushgerät, dem eigenen Können oder womöglich am Kompressor liegt: Liefert der Kompressor nicht ausreichend Druck bei entsprechender Düsengröße, kann das Spritzbild grobkörnig sein oder pulsieren. Wird der Kompressor zu heiß, entsteht Kondenswasser im Schlauch. Dieses Wasser wird auf das zu bemalende Modell oder Objekt gespuckt.

Je nach Anwendungszweck und Anforderungen kann mancher Kompressor gut funktionieren, stößt aber bei weiteren Anwendungsgebieten schnell an seine Grenzen. Tipp: Holen Sie sich eine zweite Meinung von einem erfahrenen Modellbauer oder Airbrush-Künstler ein. Nutzen Sie Facebook, Online-Foren, Clubs oder Messebesuche zur Meinungsbildung. Gutes spricht sich schnell rum.

// KRITERIUM DRUCK

Entscheidendes Kriterium für die Wahl eines Kompressor-Modells ist der benötigte Arbeitsdruck des Airbrush-Gerätes, der zwischen 1,4 und 2 bar liegt. In der Regel wird für die meisten Anwendungen und Farbsorten sowie Gerätetypen ein Druck von 2 bar empfohlen. Dabei beträgt der durchschnittliche Luftverbrauch bei einem Druck von 2 bar ca. 7 bis 15 Liter pro Minute.

// KRITERIEN DRUCKMINDERER UND WASSERABSCHEIDER

Egal, für welches Modell oder Marke man sich entscheidet, sollte der Kompressor idealerweise einen Druckminderer zum Justieren des Drucks und einen Wasserabscheider zum Sammeln und Zurückhalten von Kondenswasser mitbringen. Fehlt der Wasserabscheider, kann Kondenswasser auf den Malgrund gelangen und das Design zerstören.

Ein Druckminderer mit Manometer ist praktisch, wenn z.B. die verwendeten Farben mehr Arbeitsdruck benötigen, da diese etwas zähflüssig sind. Sowohl einen Wasserabscheider als auch eine Druckregulierung lässt sich auch nachträglich durch Zubehörkomponenten hinzufügen.

// KRITERIEN ABSCHALTAUTOMATIK UND TANK

Ein weiteres wichtiges Feature ist eine Abschaltautomatik. Sie sorgt dafür, dass der Kompressor nur dann arbeitet, wenn auch Luft verbraucht wird. So läuft das Gerät nicht heiß, spart Strom und vermindert dauernde Arbeitsgeräusche. Verfügt der Kompressor auch noch über einen Tank, produziert er nur solange Luft, bis der Luftdruck im Tank eine bestimmte Höhe erreicht hat.

// KRITERIEN LAUTSTÄRKE UND GEWICHT

Kompressoren können verhältnismäßig laut sein. Einige vibrieren und manche haben sogar die Tendenz, sich hin- und herzubewegen, sobald sie eingeschaltet sind.

Einige sind auch so laut, dass man diese dem Nachbarn in einem Mietshaus nicht zumuten kann. Kopfschmerzen sind vorprogrammiert. Es gibt aber auch die sogenannten Silent-Kompressoren, die üblicherweise etwas teurer sind, aber dafür auch extrem ruhig. Ein weiteres Kriterium beim Kompressor-Kauf kann das Gewicht des Kompressors sein.

// EINSTIEGSGERÄTE: ÖLLOSE KOLBEN- UND MEMBRANKOMPRESSOREN

Zum Einstieg in die Technik sind hier öllose Kolbenkompressoren und Membrankompressoren (eher selten anzutreffen) zu nennen. Diese Geräte sind preiswert und ohne Weiteres in der Lage, eine für viele Zwecke ausreichende Luftmenge bereitzustellen. Die Lufterzeugung bei einem Membrankompressor geschieht durch eine Welle, die eine Membran bewegt und dadurch im Zylinder Luft unter Druck bereitstellt. Eine einfache und effiziente Mechanik, die mit einigen wenigen Teilen auskommt. Bei einem Kolbenkompressor geschieht dies durch einen Kolben – ähnlich dem eines Automotors.

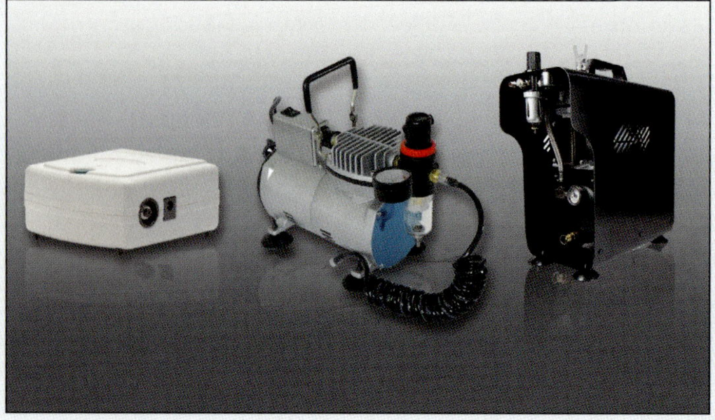

Membran- und Kolbenkompressoren gibt es in allen Preislagen und in unterschiedlichem Ausstattungsumfang. Mit steigendem Preis und Größe steigt auch die Wahrscheinlichkeit, dass die Geräte über Merkmale wie Druckminderer, Abschaltautomatik oder sogar Tank verfügen. Aufgrund ihrer Bauweise gibt es diese Kompressoren in sehr kompakten und leichten Ausführungen. Mit 40 bis 55 Dezibel haben sie in der Regel noch eine erträgliche Lautstärke, sind aber lauter als z.B. ein professioneller Öl-Kolbenkompressor der Silent-Reihe.

Achtet man auf die angeführten Kriterien, ist ein Membran- oder Kolbenkompressor durchaus das richtige Gerät für den Einstieg. Aufgrund der Modellvielfalt gibt es auch für erfahrene Airbrusher und luftintensive Anwendungen passende öllose Kolbenkompressoren mit Drucklufttank, Wasserabscheider, Druckminderer und Abschaltautomatik. Einige haben auch gleich mehrere Anschlüsse, um z.B. mit zwei Geräten gleichzeitig zu arbeiten.

// DIE PROFIKLASSE: ÖL-KOLBENKOMPRESSOREN

Wer sehr lange und häufig brusht, große Flächen bemalt oder zähflüssigere Farben verwendet, der greift zum Öl-Kolbenkompressor. Im Unterschied zum öllosen Kolbenkompressor wird der druckerzeugende Kolben wie beim Auto mit Öl geschmiert. Dadurch ist dieser Kompressortyp erheblich effizienter, sehr leistungsstark, langlebig und stellt einen höheren Druck bereit. Sie können sogar mehrere Airbrushgeräte gleichzeitig mit diesem Kompressor betreiben. Der Kompressor wird bei Inbetriebnahme mit beiliegendem Öl versorgt, das nur bei extremer Belastung gelegentlich mal aufgefüllt werden sollte.

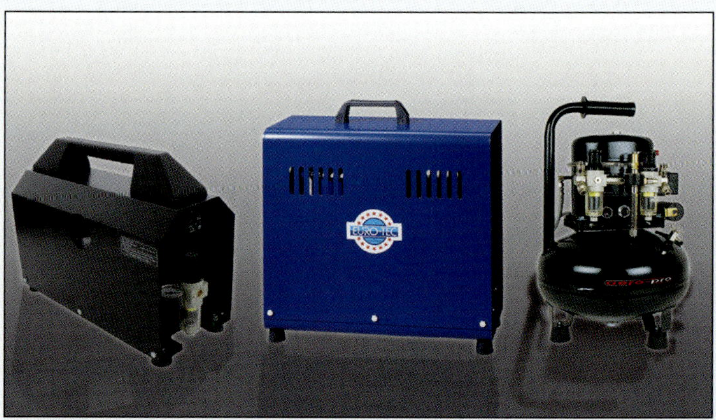

Mit Luftvorratstank, Druckminderer und Wasserabscheider bringen Öl-Kolbenkompressoren alle Features für das Arbeiten rund um die Uhr mit. Ein besonders großer Vorteil des Silent-Kompressors ist natürlich auch das extrem ruhige Betriebsgeräusch, das nur 38 Dezibel beträgt. Das Geräusch entspricht dem eines Kühlschrank-Verdichters. Wenn Sie neben Ihren Modellen auch mal Bilder malen oder die Motorhaube Ihres Autos verzieren wollen, ist dies kein Problem.

// INBETRIEBNAHME KOLBENKOMPRESSOR

Beispiel:
Euro-Tec 10a
Sparmax TC501N

Die Inbetriebnahme dieses öllosen Kolbenkompressors ist ganz einfach.

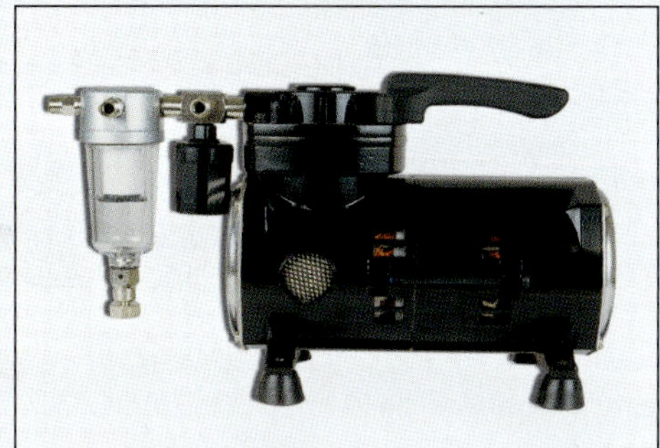

Schritt 1: Zuerst verschraubt man den schwarzen Schlauch zwischen Wasserabscheider und Druckschalter.

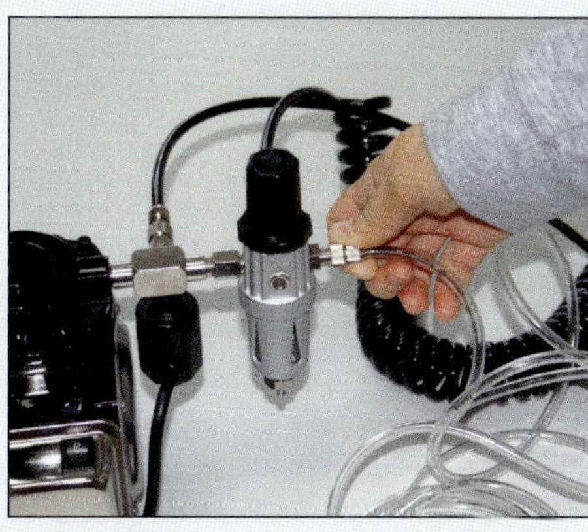

Schritt 2: Als Nächstes wird der Airbrush-Anschluss an den Wasserabscheider geschraubt.

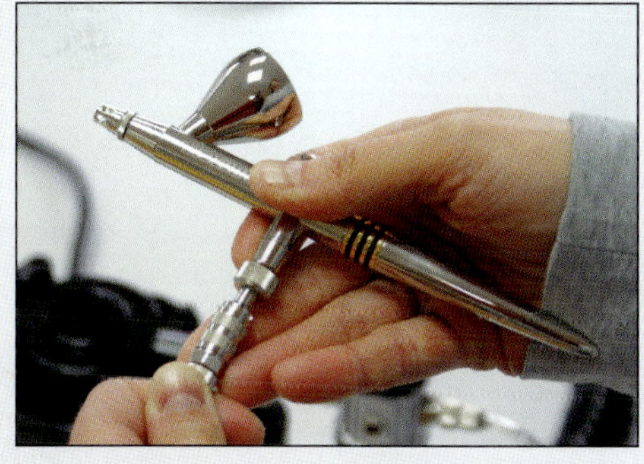

Schritt 3: Am Ende des Schlauches ist eine Schnellkupplung angebracht, mit der das Airbrushgerät schnell und vor allem komfortabel verbunden werden kann. Einfach das Gerät darauf stecken und ruckzuck ist die Verbindung hergestellt.

Schritt 4: Der Kompressor wird an eine Stromquelle angeschlossen und mit dem an der Seite angebrachten Schalter eingeschaltet.

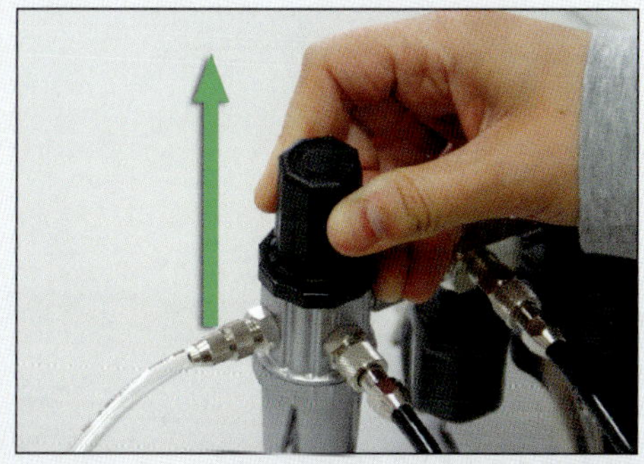

Schritt 5: Den Druck regulieren Sie, indem Sie zunächst den Drehknopf nach oben ziehen.

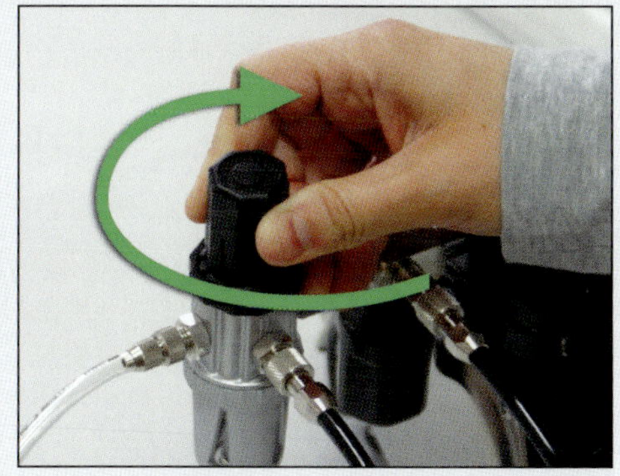

Schritt 6: Um den Druck zu erhöhen, drehen Sie den Drehknopf im Uhrzeigersinn.

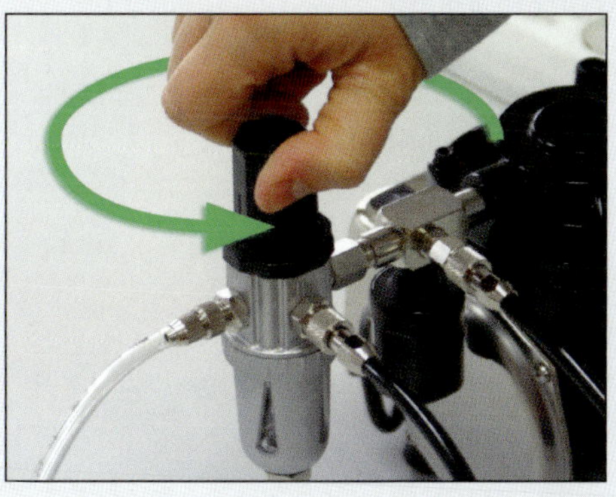

Schritt 7: Möchten Sie den Druck vermindern, um z.B. Farbe oder Make-up im Gesicht aufzutragen, dann drehen Sie den Knopf gegen den Uhrzeigersinn. Ist der Arbeitsdruck eingestellt, drücken Sie den Drehknopf wieder nach unten.

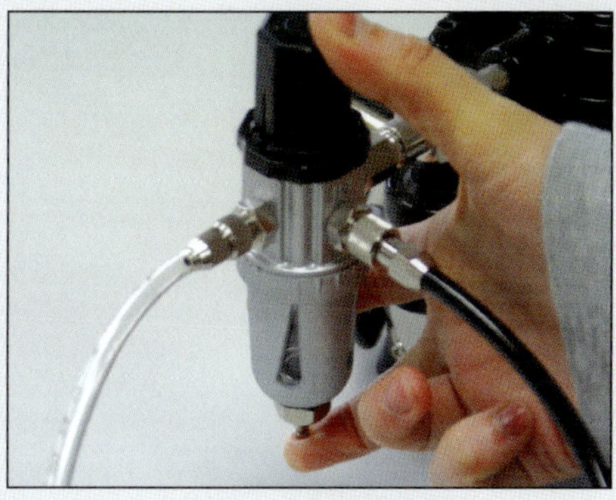

Schritt 8: Um das Kondenswasser aus dem Wasserabscheider zu lassen, drücken Sie den Ablass-Hebel unter dem Wasserabscheider mit dem Finger nach oben, bis das Wasser entwichen ist. Wenn Sie den Ablass-Hebel wieder loslassen, schließt er automatisch.

// INBETRIEBNAHME ÖL-KOLBENKOMPRESSOR

Beispiel: Werther Sil Air 20a

Die erste Inbetriebnahme eines Öl-Kolbenkompressors ist ebenfalls recht einfach und schnell vorzunehmen. Je nach Hersteller werden unterschiedliche Anschlussmöglichkeiten für den Kompressor schon mitgeliefert. In der Regel muss aber noch das Öl eingefüllt und der Filter aufgesteckt werden, bevor der Kompressor an die Stromquelle angeschlossen werden kann.

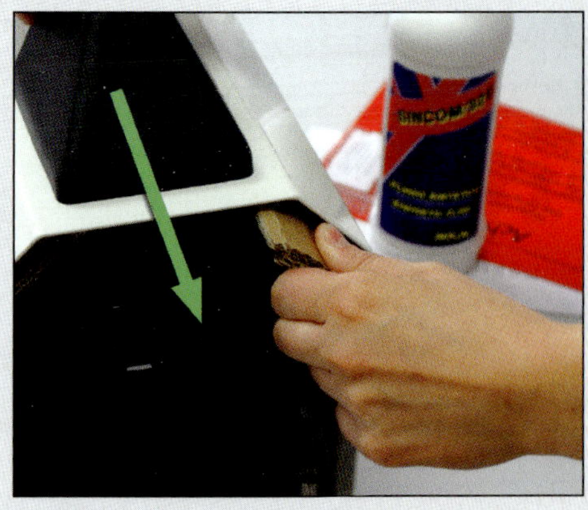

Schritt 1: Transportsicherung
Entfernen Sie die Transportsicherung aus Pappe. Einfach herausziehen.

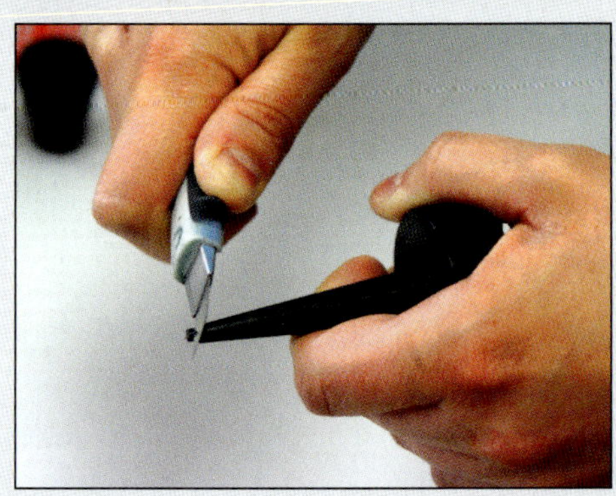

Schritt 2: Einfüllstöpsel
Ziehen Sie den Öl-Einfüllstöpsel ab und bewahren Sie diesen für evtl. spätere Transporte auf.

Schritt 3: Entnehmen Sie das Zubehör aus der Plastiktüte. Je nach Anbieter finden Sie unterschiedliche Teile vor. In diesem Fall: Luftfilter, Einfülltülle für die Ölflasche, Schnellkupplung, Stecknippel, Doppelnippel (wird aber meistens nicht benötigt).

Schritt 4: Einfülltülle
Schneiden Sie die Öffnung der Einfülltülle mit einem Cutter oder einer Schere oben ab. Öffnen Sie die Ölflasche und entfernen Sie die Schutzfolie. Dann können Sie die Einfülltülle auf die Ölflasche schrauben.

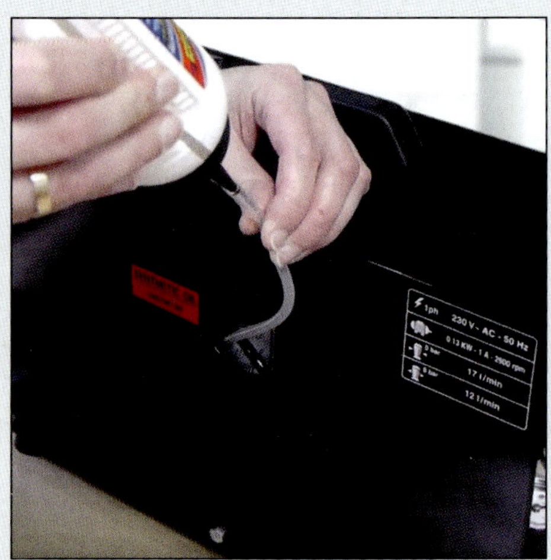

Schritt 5: Öl einfüllen
Füllen Sie nun das Öl in den Einfüllstutzen am Kompressor. In der Regel müssen Sie die komplette Flasche einfüllen. Lesen Sie hier nochmal genau in der Bedienungsanleitung des Herstellers.

Hinweis: Bei aktuellen Modellen ist der Öleinfüllstutzen seitlich angebracht. Ein zusätzliches Einfüllröhrchen zur Verlängerung der Flaschentülle liegt bei.

Schritt 6: Ölstand

Überprüfen Sie nach einigen Minuten die Füllhöhe. Evtl. können Sie dann den Ölstand noch korrigieren.

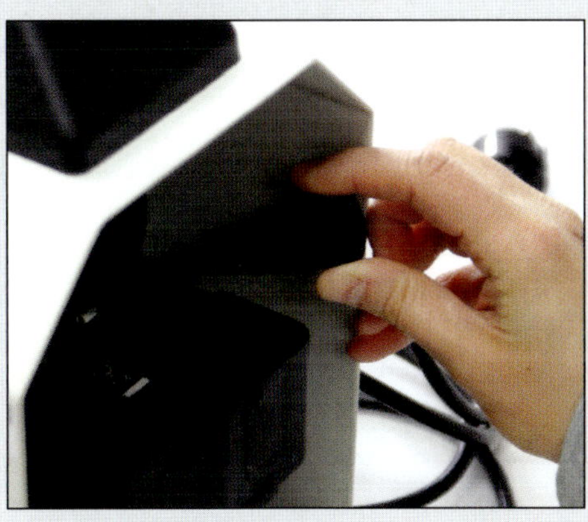

Schritt 7: Luftfilter

Stecken Sie den Luftfilter auf den Einfüllstutzen.

Schritt 8: Abdichten

Haben Sie ein Gerät, bei dem die Schnellkupplung noch nicht installiert ist, wickeln Sie das beiliegende Teflonband um das Gewinde. Das Teflonband sorgt dafür, dass die Verbindung absolut luftdicht ist.

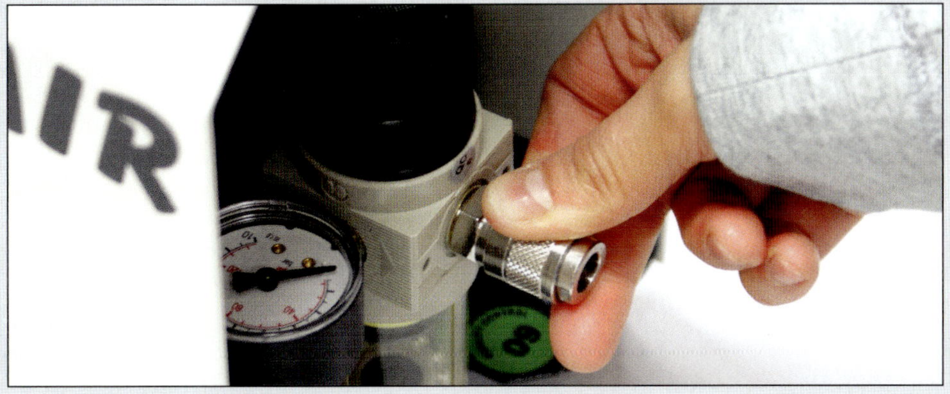

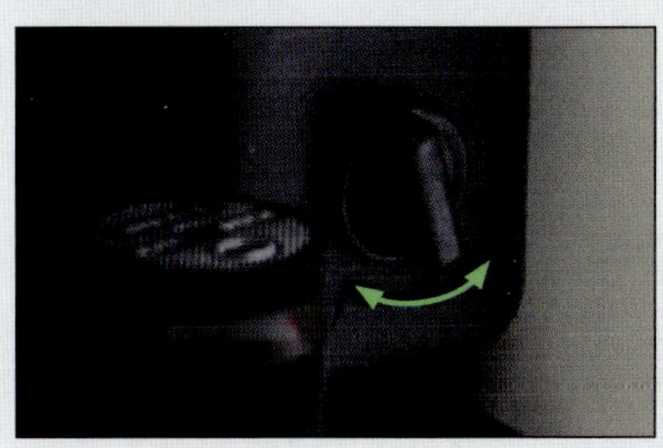

Schritt 9: Schnellkupplung

Schrauben Sie dann die Schnellkupplung in den Kompressor. Nun können Sie einen Schlauch anschließen, den Kompressor mit dem Stromnetz verbinden und ihn einschalten. Achten Sie darauf, dass keine Luft an den Kupplungen entweicht. Sie merken das entweder an einem Zischgeräusch oder wenn der Arbeitsdruck (später abzulesen an der Druckanzeige) absinkt. Falls das der Fall ist, überprüfen Sie nochmal die Abdichtungen und Gewinde.

Schritt 10: Arbeitsdruck

Stellen Sie dann den gewünschten Arbeitsdruck (in der Abbildung 2 bar) ein, indem Sie den Knopf nach oben ziehen und im Uhrzeigersinn drehen, bis der gewünschte Druck angezeigt wird. Idealerweise schließen Sie ein Airbrushgerät beim Einstellen des Arbeitsdrucks an und betätigen den Hebel dabei. Nur so sehen Sie den tatsächlich eingestellten Arbeitsdruck, der sonst um ca. 0,2 bar variieren kann.

Airbrush-Farben für Modelle und Figuren

Die Farben sind eine entscheidende Komponente beim Airbrushen. Gerade für Einsteiger können hier die ersten größeren Probleme auftreten und die Freude an der neuen Lackiertechnik stören. Im Grunde kann alles, was in einen flüssigen bzw. -milchigen Zustand gebracht werden kann, versprüht werden. Der Anwender sollte dabei die Farbsorte je nach zu bemalendem Untergrund, Anwendungsgebiet und Düsengröße aussuchen.

Am häufigsten, am „gesündesten" und auch einfachsten werden spezielle Airbrush-Acrylfarben eingesetzt, die schon hinsichtlich der Pigmentgröße für das Versprühen mit kleinen Düsen optimiert sind. Viele Airbrush-Acrylfarben sind sprühfertig – also direkt mit dem Airbrush-Gerät zu verarbeiten. Sie können mit passenden Medien oder häufig auch mit Wasser verdünnt werden, um ein feineres Spritzbild zu erzielen, die Transparenz zu erhöhen oder um die Sprüheigenschaften zu verbessern. Airbrush-Acrylfarben werden nicht – wie vielfach angenommen – nur auf Papier, Karton und Leinwand eingesetzt, sondern eignen sich ebenso gut auch für Plastik, Metall und Textilien. Daher haben sie sich auch in Bereichen wie dem Modellbau und der Miniaturbemalung durchgesetzt. Ihr größter Vorteil: Sie sind zumeist geruchsneutral und beinhalten keine giftigen Lösungsmittel. In diesem Zusammenhang ist jedoch darauf hinzuweisen, dass es auch beim Versprühen von wasserbasierten Acrylfarben mit der Airbrush zu einer Feinstaubentwicklung kommt. Die Menge steigt mit der Größe der bemalten Fläche. Daher empfehlen viele Farbhersteller generell das Tragen einer Atemschutzmaske.

Über mehrere Jahrzehnte haben sich für verschiedene Anwendungsbereiche und auf verschiedenen Märkten große Marken für Airbrush-Acrylfarben herauskristallisiert. Im Modellbau- und Tabletop-Bereich ist hier vor allem die Firma Acrylicos Vallejo zu nennen, die das wahrscheinlich breiteste Sortiment an spezialisierten Airbrush-Farben auf Acrylbasis für diesen Anwendungsbereich anbietet. Tabletop-Spezialisten wie The Army Painter, AK-Interactive oder Games Workshop setzen vorrangig auf Acrylfarben auf Wasserbasis und sogar klassische Modellbaumarken wie Tamiya, Revell und Italeri haben ihr Angebot in den letzten Jahren neben den klassischen Emaille- und Enamel-Farben um airbrush-optimierte oder zumindest airbrush-geeignete

Acrylfarben erweitert. Der Vorteil spezieller Modellbau- oder Tabletopfarben liegt häufig in der Auswahl der Farbtöne, da sie z.T. auf die besonderen Anwendungsbereiche im Modellbau bzw. Tabletop wie z.B. Militärmodell (Tarnfarben), Alterung oder spezielle Spielwelten abgestimmt sind und u.a. nach dem RAL-Farbsystem aufgebaut sind. RAL ist ein schon seit den 20er Jahren existierendes Farbsystem, mit dem viele Fahrzeughersteller und -betreiber sowie Armeen ihre verwendeten Farben definiert haben. Dadurch ist eine besonders naturgetreue Darstellung der Originale im Modell möglich.

Wenn es eher um die freie farbliche Gestaltung von Modellen geht, lohnt sich aber auch der Blick auf Farben, deren Ursprung in der Fine Art Airbrush-Malerei und der Fahrzeugbemalung haben. Dazu gehören in erster Linie Schmincke Aero Color, Hansa pro-color und die Farben von Createx, aber auch Marken wie Lukas Illu-Color oder Iwata Medea Com-Art. Diese lassen sich bei jedem Airbrush-Fachhändler bestellen und sind auch im Regal vieler Modell-Fachhändler zu finden. All diese Farben decken aufgrund ihrer Eigenschaften viele Airbrush-Anwendungsgebiete und Untergründe ab und beweisen auf dem Airbrush-Markt eine hohe Akzeptanz und Verfügbarkeit.

// AIRBRUSH-ACRYLFARBEN IM ÜBERBLICK

Die Auswahl der im Folgenden vorgestellten Farben orientiert sich im Wesentlichen an den in den Step-by-Step-Projekten hauptsächlich zum Airbrushen verwendeten Marken (in alphabetischer Reihenfolge). Darüber hinaus finden Sie eine Auswahl weiterer airbrush-geeigneter Farben bekannter Hersteller. Gesondert genannt werden außerdem spezielle Effektfarben, die in den Step-by-Step Projekten zur Anwendung kommen, aber ihren Ursprung eher in der Fahrzeuggestaltung haben.

// AK ACRYLIC MODELLING COLORS

Die AK Acrylic Modelling Colors des spanischen Modellbauherstellers AK Interactive wurde speziell für Modellbau-Anwendungen auf Plastik, Kunstharz und Metall entwickelt. Dank einer neuen Formel verspricht der Hersteller verbesserte Sprühbarkeit ohne Verdünnen, Verstopfung der Düse und lästiges Aufschütteln der Farbe in der Flasche sowie optimierte Haftung und Widerstandsfähigkeit. Die wasserbasierten Farben sind hochpigmentiert und stark deckend und trocknen in kurzer Zeit matt und farbintensiv auf.

Das Farbsortiment umfasst 236 Farbtöne, die sich in Basisfarben, Metallic-, Pastell-, hochkonzentrierte Intense-Farben, Inks und diverse Medien wie Thinner, Primer und Klarlacken unterteilen. Darüber hinaus gibt es das Non-Metallic Metal (NMM) Set „Steel" für die originalgetreue Darstellung von Stahl, z.B. auf Kriegs- oder Fantasy-Figuren, sowie das Hautton-Set „Human Flesh Tones". Besonders kreativ zeigte sich der Hersteller bei der Gestaltung der Flaschen-Verschlusskappen: Eine kleine Vertiefung im Deckel lässt sich mit einem Tropfen Farbe füllen, der im getrockneten Zustand immer den echten Farbton anzeigt und als zusätzliche Orientierung in der Farbflaschen-Flut dient.

// BADGER MINITAIRE FARBEN

Seit einiger Zeit gibt es die Minitaire Airbrush Acryl Farben von Badger Air-Brush Co. im Handel. Diese speziellen Farben richten sich vor allem an Künstler, die Table Top Figuren oder andere Miniaturen bemalen möchten. Die Farben lassen sich direkt aus der Flasche verwenden und ermöglichen einen sehr feinen Farbauftrag. Dazu haften sie auf den Figuren ausgezeichnet und perlen nicht ab. Zudem können die Farben auch mit dem Pinsel aufgetragen und mit Wasser verdünnt werden, um zusätzliche Effekte zu kreieren. Eine auf Wargamer spezifisch abgestimmte Farbpalette von 80 Farben gibt vielfältige Gestaltungsmöglichkeiten, vom Monster bis zum Schlachtschiff alles zu bemalen. In den 80 Farben sind auch zwölf transparente, sogenannte Ghost-Tinten enthalten, die hauchzarte Einfärbungen ermöglichen. Die Farbe kommt in

30-ml-Flaschen. Geschützt sind diese noch mit einem Verdunstungsschutz, damit die Farben am Lager nicht austrocknen. Des Weiteren gibt es im Minitaire-Programm noch 3 Versiegelungen und einen Trocknungsverzögerer. Ebenfalls erhältlich ist auch ein Starter Set mit 12 Farben und das Ghost Set mit ebenfalls zwölf Farben.

// HANSA PRO-COLOR

Die Hansa pro-color Airbrush-Acrylfarben sind aufgrund ihrer Universalität in vielen Airbrush-Anwendungsbereichen populär. Sie haften hervorragend auf Kunststoff und Metall. Die pro-color Farben lassen sich problemlos durch alle Düsengrößen versprühen, sogar mit 0,1 mm Düsen. Speziell das Weiß ist auf dunklen Untergründen sehr gut deckend und hat keine Verstopfungsprobleme.

Das Sortiment umfasst 26 deckende Farbtöne, 10 transparente Farbtöne, 4 Neonfarben sowie 4 Metallicfarben. Die meisten deckenden Farben sind allerdings eher semi-opak und erzielen keine hundertprozentige Deckung auf dunklen Untergründen. Die 30-ml-Flaschen haben einen Quick-Turn-Verschluss und können sogar im geöffneten Zustand nicht komplett auslaufen, falls sie mal umkippen. Die enthaltene Kugel ermöglicht das zwingend notwendige Aufschütteln der Pigmente, um ein professionelles Spritzergebnis zu bekommen.

// SCHMINCKE AERO COLOR PROFESSIONAL

Die Aero Color Professional haben eine lange Tradition in Deutschland. Als klassischer Anbieter feiner Künstlerfarben sind die Produkte der Firma Schmincke vorrangig für den Einsatz auf Papier, Leinwand und Reinzeichenkarton bekannt. Aber auch Plastik und Metall sowie weitere Untergründe, die sauber, trocken und fettfrei sind, können mit den Aero Color Professional von Schmincke bemalt werden.

Das Sortiment umfasst derzeit 36 feine, höchst brillante Buntfarben, 12 brillante Total Cover Farbtöne (deckend auf dunklen Untergründen), 12 Effektfarben sowie 9 Candy-Farbtöne. Eine Vielzahl der Bunttöne sind lasierend, so dass sich auch noch in Kombination untereinander eine Vielzahl brillanter Zwischentöne ergeben. Die Aero Color Professional Farben sind in standfesten Glas-Pipettenflaschen à 28 ml erhältlich.

// REVELL AQUA COLOR

Das AquaColor Sortiment des bekannten Modellbau-Experten Revell umfasst 88 Farbtöne. Das Spektrum reicht von klaren über matte und seidenmatte bis hin zu glänzend oder metallic deckenden Farben. Es handelt sich um Acrylfarben, die mit Wasser verdünnt und untereinander gemischt werden können, um für bestimmte Einzelheiten des speziellen Modells noch detailliertere Nuancen hervorzubringen. Die geruchsmilden Farben, die nahezu keine organischen Lösungsmittel enthalten und nicht brennbar sind, verfügen um eine kurze Trockenzeit. In ca. zwei bis drei Stunden ist die verwendete Farbe durchgetrocknet. Schon nach einer Stunde besteht die Option, eine Farbe zu überstreichen.

Aqua-Color-Farben sind nicht nur für die Pinselanwendung, sondern auch zum Airbrushen geeignet, allerdings sollte darauf geachtet werden, dass sie nicht zu stark verdünnt werden. Als Richtwert gilt maximal 20 bis 25 Prozent Wasser. Zum Verdünnen, als Trocknungsverzögerer und gegen Verstopfen des Airbrush-Gerätes gibt es auch das markeneigene Medium Aqua-Color-Mix. Revell bietet die Aqua-Color-Farben als einzelne Elemente und auch als kombinierte Sets an.

// VALLEJO GAME AIR

Game Air sind matte Acrylfarben auf Wasserbasis, speziell entwickelt für die Airbrushtechnik. Wie der Name schon sagt, wurden die Game Air Farben in Zusammenarbeit mit Airbrush-Profis aus dem Bereich Fantasy-Figuren und Dioramenbau entwickelt. Laut dem spanischen Hersteller Acrylicos Vallejo wurden dabei verschiedene neue Acrylharze verwendet, um Eigenschaften zu erzielen, die bis jetzt in Acrylfarben auf Wasserbasis nicht möglich waren. Aufgrund der hervorragenden Resistenz, Härte und Deckkraft ist die Farbe auch für kleinste Details mit einem Pinsel auftragbar.

Auf Resin- und Kunstoffmodellen sowie auf Miniaturen aus Metall haftet die Game Air hervorragend und braucht keine vorherige Grundierung. Die sehr fein gemahlenen Pigmente haben eine hohe Lichtbeständigkeit und lassen sich fein versprühen. Die Farbe lässt sich außerdem für „Washes" und Lasuren verdünnen. Bei sehr dunklen Oberflächen empfiehlt der Hersteller, die Modelle zuerst mit Weiß oder Hellgrau zu grundieren, um die Leuchtkraft der Farben zu verstärken. Das Game Air-Sortiment umfasst über 50 Farbtöne.

// VALLEJO GAME COLOR

Hinter dem Namen Game Color verbergen sich Acrylfarben in einer matten und deckenden, wasserbasierten Formel, die speziell für die Verwendung mit Pinsel, spezialisiert für den Einsatz auf Fantasiefiguren und Dioramen, entwickelt wurde. Mit Wasser, anderen Medien oder Farben lässt sich Game Color aber auch mit der Airbrush versprühen. Game Color wird mit einem neuartigen Harz hergestellt, das eine außerordentliche Beständigkeit insbesondere im Hinblick auf die häufige Handhabung von Figuren beim Tabletop-Spielen bietet. Die Farben zeigen eine außergewöhnliche Haftung auf allen Untergründen, wie Harz, Kunststoff, Stahl und Weißmetall. Das Sortiment umfasst rund 120 Farbtöne, darunter auch Inks, Washes, Special Effects- und extra-opake Farben.

// VALLEJO MODEL AIR

Die Vallejo Model Air-Farben auf Wasserbasis sind ideal geeignet für Miniaturmodelle von Flugzeugen, Schiffen, Eisenbahnen, Autos und Figuren. Die umfangreiche Farbpalette der Vallejo Model Air-Farben entspricht den RL, RAL und Federal Standard-Vorgaben und enthält nach eigenen Angaben die vollständigste Auswahl der in der jüngeren Geschichte verwendeten Militärfarben, einschließlich der Farben des Ersten und Zweiten Weltkriegs und bis in die Gegenwart. Die Farben können untereinander gemischt oder mit Wasser, Verdünnungsmittel, dem Model Air-Firnis oder Alkohol verdünnt werden. Es wird empfohlen, zunächst die Oberfläche zu grundieren und dann Model Air in mehreren Schichten auftragen. Die Farben trocknen sehr schnell und bilden einen homogenen Farbfilm von hoher Widerstandsfähigkeit. Model Air ist nicht brennbar und enthält keine Lösungsmittel. Das Farbsortiment umfasst über 230 Farbtöne sowie zahlreiche historische Farbschema- und Themen-Sets.

// VALLEJO PREMIUM COLOR

Mit der Premium Acrylic Polyurethane Color bietet der Hersteller Acrylicos Vallejo eine spritzfertig für die Airbrush angemischte und besondere robuste Farbe auf Wasserbasis speziell für Metall, GFK, Polyethylen, klare Lexan Polycarbonat-, Slot-Car- und RC-Karosserien an. Die Premium-Farben sind flexibel und äußerst langlebig. Sie verblassen auch nach längerer Zeit nicht und behalten ihre Leuchtkraft und Glanz auch bei Witterungseinflüssen. Die Farbe besteht aus mikrovisierten, permanenten Pigmenten in einer extrem widerstandsfähigen Emulsion von Akrylharz und Polyurethan. Sie ist kratzfest, verhindert Rissbildung, ist stoß- und kraftstoffbeständig

bis zu einer 35%igen Nitromethan-Mischung.

Das Sortiment besteht aus 20 hellen deckenden Farben, 23 schillernden Metallic und Fluo-Farben sowie 9 schimmernden transparenten Candy-Lasuren. Alle Farben sind für Detailarbeiten sowie auch zum Lackieren von großen Flächen geeignet und können mit dem Pinsel oder auch mit der Airbrush ab einer Düsengröße von 0,3 mm aufgetragen werden. Für Metallic-Farben und für kleinere Düsen empfiehlt der Hersteller, die Farbe mit dem separat erhältlichen Reducer zu verdünnen.

// VALLEJO MODEL COLORS

Vallejo Model Colors sind matte, deckende Acrylfarben mit einer hohen Pigmentkonzentration auf Wasserbasis. Es gibt ein umfangreiches Sortiment an Farbtönen von Grundfarben bis hin zu Spezialfarben für historische Figuren, Fahr- und Flugzeuge, Militärmodelle etc. Das Sortiment umfasst außerdem eine Auswahl an Glasuren, transparenten und fluoreszierenden Farben, die zur Erzielung von Spezialeffekten verwendet werden. Es wird empfohlen, die Farben auf eine zuvor grundierte Oberfläche aufzutragen; die Farben trocknen schnell und bilden einen selbstnivellierenden, homogenen Farbfilm, der für große Flächen ebenso geeignet ist wie für die kleinsten Details des Modells. Model Color funktioniert auf allen Oberflächen gut, der Hersteller hebt zudem die Haftung auf Harz, Kunststoffen, Stahl und Weißmetall hervor. Werkzeuge und Pinsel werden mit Wasser gereinigt. Insgesamt kann der Anwender aus fast 200 Farbtönen wählen. Verschiedene Set und Farbkoffer erleichtern die Auswahl anhand bestimmter Themen und Farbwelten.

// WEITERE AIRBRUSH-FARBEN FÜR MODELLE UND MINIATUREN

// CREATEX ILLUSTRATION COLORS

Ursprünglich wurden die Createx Illustration Colors von und für Fine Art Airbrush-Künstler entwickelt. Sie lassen sich besonders gut mit Airbrush-Geräten mit kleinen Düsen und geringem Luftdruck verarbeiten und sind dadurch für feinste Detailarbeit prädestiniert. Sie können direkt aus der Flasche gesprüht werden, wobei wenig bis gar kein Verdünner nötig ist. Dank ihres hohen Pigmentanteils verbinden sich die Illustration Colors durch die Einarbeitung eines besonderen Harzes auf spezielle Weise mit dem Malgrund. Nach dem ersten Auftrag kann sie radiert oder gekratzt sowie mit ammoniakhaltigen Flüssigkeiten wieder angelöst bzw. angefeuchtet werden. Dadurch, dass die Farbe graduell aushärtet und wieder anlösbar ist, bietet sie in ihren unterschiedlichen Stadien eine Vielzahl von Bearbeitungsmöglichkeiten, je nach gewünschtem Effekt. Durch Hinzufügen von passenden Additiven lässt sich die Haftung auf harten Untergründen zusätzlich optimieren. Die Farben können im Finish wie gewohnt mit Klarlack versiegelt werden. Die Createx Illustration Colors gibt es in 17 transparenten Farben sowie 11 deckenden Tönen. Darüber hinaus gibt es unter dem Namen Createx Illustration Lifeline und Bloodline je 15 Haut- bzw. Blutfarbtöne, die besonders für die Bemalung von Miniaturen und Charakter-Modellen interessant sind. Beide Serien wurden von dem bekannten SpecialFX Make-up Artist Tim Gore kreiert. Die Farben verfügen über die gleichen Eigenschaften wie die Illustration Colors. Obwohl sie transparent sind, erscheinen sie aufgrund ihres hohen Pigmentsgehalts wie deckende Farben.

// MIG JIMENEZ ACRYLIC COLORS

Mig Jimenez ist einer der führenden Militärmodellbauer der Welt und arbeitet exklusiv für das Unternehmen Ammo of MIG, in das er sein Fachwissen für die Entwicklung neuer Produkte einfließen lässt. Die Mig Jimenez Acrylic Colors sind dafür ausgelegt, dass sie sich sowohl mit dem Pinsel als auch mit der Airbrush auftragen lassen. Mig Jimenez Acrylfarben sind geruchlos, wasserverdünnbar und nach 24 Stunden komplett trocken. Dabei sind neben den Einzelflaschen zahlreiche Acrylfarbsets mit speziell zusammengestellten Farbpaletten

für die unterschiedlichsten Länder und Anwendungen erhältlich. Die Acrylfarben gibt es in über 80 verschiedenen Farbtönen. Zahlreiche Verdünner und Versiegelungen runden das Modellfarbensortiment von Mig Jimenez ab.

// MISSION MODELS

Das lösemittelfreie, wasserbasierte Acryl-Farbsystem Mission Models stammt aus den USA. Die Farben sind für eine sehr hohe Deckkraft dreifach pigmentiert. Die Pigmente sind lichtecht und auf lange Haltbarkeit ausgelegt. Die Farbe sollte in mehreren, dünnen Lagen versprüht werden. Je dünner die Farbe aufgetragen wird, desto besser wird das Ergebnis. Die Farbe kann direkt aus der Flasche versprüht werden oder auch mit dem Pinsel verarbeitet werden. Durch Zugabe des ebenfalls erhältlichen Thinners lässt sich das Spritzverhalten weiter optimieren. Figurenmaler können tropfenweise Polyurtethan Additive hinzufügen, um Trocknungs- und Mischzeiten zu verlängern.
Die Farben können nach entsprechender Vorbehandlung auf allen Untergründen verarbeitet werden. Für optimale Verarbeitung und Haftung wird empfohlen, vorab den Mission Models Primer aufzutragen. Dabei handelt es sich um ein Zweikomponentensystem, das durch den Thinner im Verhältnis 3:1 bis 5:1 verdünnt und aktiviert werden muss. Unabhängig

davon können die Mission Models Farben auf allen handelsüblichen Primern und Lackierungen aufgetragen werden. Die Mission Models Farben lassen sich sehr gut mischen, und einmal durchgehärtet lässt sich jeder handelsübliche Klarlack darauf auftragen.

Zum Mission Models Sortiment gehören 86 Farbtöne, 6 Primer sowie 6 spezielle Alterungsfarben, alle zu je 30 ml abgefüllt. Außerdem gibt es 3 verschiedene Medien in 60 ml- und 120 ml-Gebinden, darunter das Polyurtethan Additive und 2 Reducer.

// VALLEJO MODEL WASH

Mit den Model Wash-Farben von Acrylicos Vallejo lassen sich rostige Panzer, von der Sonne ausgebleichte Flächen oder erde-, staub- und moosbedeckte Gegenstände realistisch darstellen – sie eignen sich also für jegliche Alterungs- und Weatheringsarbeiten auf Objekten. Das transparente Model Wash lässt sich sehr gut in die Farbgebung des jeweiligen Modells einblenden und kann außerdem mit anderen Farben gemischt werden, um die Palette beliebig zu erweitern. Je nach gewünschtem Effekt lassen sie sich mit der Airbrush oder einem Pinsel glatt oder pastos verarbeiten. Model Wash wurde mit einem modifizierten Acrylharz formuliert, sodass die Oberflächenspannung der von traditionellen lösemittelhaltigen „Washes“ oder Filtern ähnelt. Sein Vorteil ist allerdings, dass es als wasserbasiertes Medium funktioniert. Die durchschnittliche Trockenzeit beträgt ungefähr 20 Minuten. Wenn mehrere Lagen davon aufgetragen werden, empfiehlt sich allerdings eine Trockenzeit von 40 Minuten zwischen den

einzelnen Aufträgen. Die Malwerkzeuge können einfach mit Wasser gesäubert werden.

// EFFEKTFARBEN AUS DER FAHRZEUG-LACKIERUNG

// CREATEX AUTO AIR COLORS

Das Auto-Air Colors Farbsystem des amerikanischen Herstellers Createx gehört zu den Pionieren unter den wasserbasierten Airbrush-Farben im Bereich der individuellen Fahrzeuggestaltung (Custom / Automotive Painting). Die Auto-Air Colors werden kontinuierlich mit den neuesten Technologien und Materialien weiterentwickelt. Laut Hersteller ist Auto-Air Colors der größte und fortschrittlichste VOC-konforme Custom Painting Lack der Welt. Zahlreiche Grundierungen, Effektfarben, Basisfarbtöne und Finishes ermöglichen brillante Farberlebnisse. Das Sortiment umfasst transparente und semi-opake Basisfarben, Effektfarben von Metallic, über

perlisierend bis hin zu fluoreszierend. Mithilfe des umfangreichen Additiv-Sortiments lassen sich die Farben auf verschiedenste Untergründe, Anwendungsbereiche, Trocken- und Fließeigenschaften einstellen und verdünnen. Einige der Effektfarben wie Metallic Colors oder die Pearl Flakes Colors benötigen große Düsengrößen oder eine Lackierpistole. Grundierungen und Versiegelungen findet man u.a. unter der Sub-Marke Autoborne Sealer. Transparente, farbstoffbasierte Candy-Farben gehören als Candy2O-Linie zum Createx AutoAir Angebot.

// CREATEX WICKED COLORS

Die Wicked-Farbserie kommt ebenfalls aus dem Hause Createx und umfasst über 40 semi-opake, opake, perlisierende und fluoreszierende Farbtöne für alle Arten von Untergründen. Bereits ab einer Düsengröße von 0,2 mm ist das Spritz-

bild hervorragend, so dass man mit dieser Farbe sehr fein und detailliert arbeiten kann. Es ist aber auch möglich, mit noch kleineren Düsen zu brushen, wenn die Farbe bis zu 25% verdünnt wird. Durch die geringe Zugabe von Lösungsmittel (< 0,1 %), die der Hersteller der sonst wasserbasierten Farbe beigemischt hat, trocknet sie nicht so leicht an der Luftkappe, Nadel oder Düse an. Die Wicked Farben sind dauerhaft haltbar und äußerst lichtecht. Sie erreichen auf der internationalen Wollskala, der so genannten Blue Wool Scale (BWS), den Wert sieben bis acht, wobei acht der höchst mögliche Wert ist. Das bedeutet, die Farben bleichen nicht aus, auch wenn sie über längere Zeit direktem Licht ausgesetzt sind. Außerdem sind die Farben nach dem Trocknen wasserfest. Zusätzlich können die Farben problemlos versiegelt werden. Es eignen sich dafür alle handelsüblichen Klarlacke.

// LÖSEMITTELHALTIGE LACKE

Im Bereich des Custom Paintings und Automobilbemalung werden auch lösemittelhaltige Lacke und Effektfarben verwendet, die sich für Spezialeffekte natürlich genauso gut im Modellbau verwenden lassen – gerade, wenn es darum geht, das Design der großen Fahrzeug-Vorbilder nachzuarbeiten. Vergleichbar mit den im Modellbau bekannten Enamel-Farben liegen die Vorteile lösemittelhaltiger Lacke in ihrer Beständigkeit und Haftung sowie Farbeffektmöglichkeiten. Aufgrund der Lösemittel ist mit starker Geruchsentwicklung zu rechnen und man sollte verstärkt auf den Schutz der eigenen Gesundheit durch Absaugungsanlagen, ausreichende Belüftung und Atemmaske achten. Außerdem gilt es zu bedenken, dass das verwendete Airbrush-Gerät bzw. die eingebauten Dichtungen lösemittelresistent sind, da sich diese sonst zersetzen. Für ihr breites Spektrum aus Effektlacken ist vor allem die Marke House of Kolor bekannt. Ebenso lassen sich auch klassische Autolacke z.B. von Mipa, Standox, Spies Hecker, Dupont oder PPG verwenden.

Grundübungen

In den vorangegangenen Kapiteln konnten Sie erfahren, welche Ausstattung Sie benötigen. Damit sollten Ihre ersten Vorbereitungen abgeschlossen sein. Um den sicheren Umgang mit dem Airbrushgerät zu erlernen, ist es am besten, sich einfache Techniken anzueignen und zu üben.

In den folgenden Übungen lernen Sie, wie Sie mit dem Gerät umgehen, um immer die ideale Farbmenge zu versprühen. Benutzen Sie für die Übungen einige Bögen weißes Papier und eine normale handelsübliche Airbrush-Acryl-Farbe.

// FUNKTIONSWEISE UND HANDHABUNG DES GERÄTES

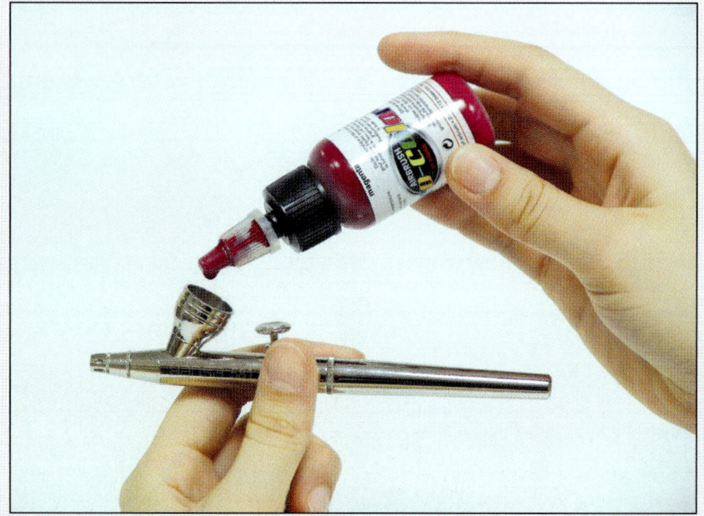

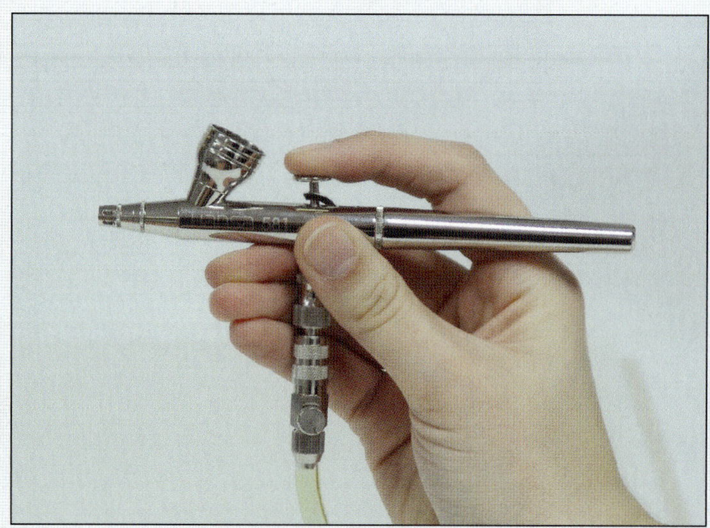

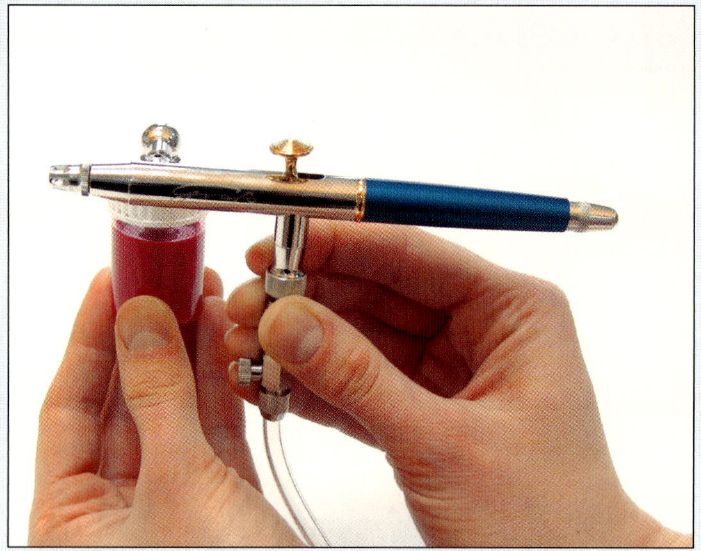

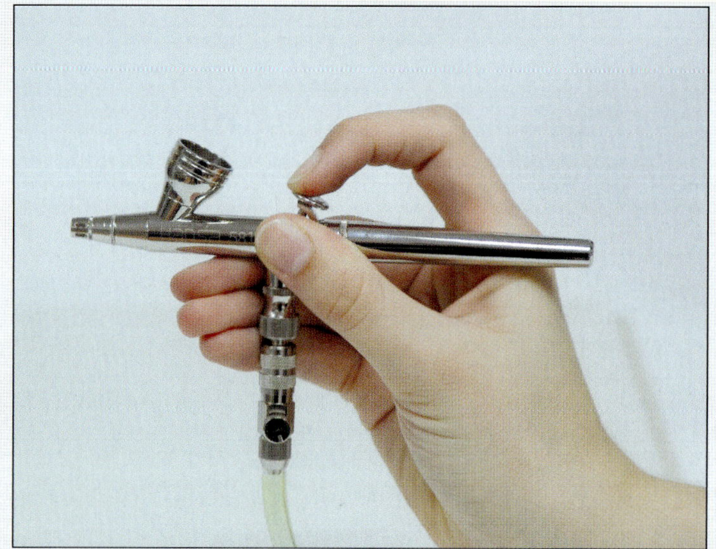

Wenn Sie ein Airbrush-Fließsystem benutzen, befüllen Sie den Farbnapf mit einigen Tropfen Farbe. Machen Sie es nicht randvoll, damit die Farbe nicht über den Becherrand schwappt. Arbeiten Sie mit einem Saugsystem, stecken Sie entweder die Farbflasche direkt unter das Gerät oder füllen Sie die Farbe in das dafür vorgesehene Glas oder Becher ein. Arbeiten Sie dann idealerweise an einer Staffelei oder senkrechten Fläche, damit die Farbe korrekt angesogen wird.

Als Rechtshänder nehmen Sie das Gerät in die rechte Hand. Der Hebel wird mit dem Zeigefinger bedient. In dieser Anleitung gehen wir davon aus, dass Sie mit einem Double-Action-Gerät arbeiten. Mit einem Druck auf den Hebel schalten Sie dieses Gerät sozusagen ein. Nun strömt lediglich Luft durch das Gerät. Sollte nur durch Drücken des Hebels schon Farbe austreten, überprüfen Sie bitte die Düse und die Nadelposition. Wenn Sie den Hebel loslassen, ist das Gerät wieder ausgeschaltet. Ein Zwischenstadium beim Herunterdrücken des Hebels gibt es nicht.

Drücken Sie also den Hebel komplett herunter und ziehen Sie den Hebel dann vorsichtig nach hinten. Sie sehen, wie die Farbe austritt. Je weiter Sie den Hebel nach hinten ziehen, umso mehr Farbe tritt aus.

// SPRÜHÜBUNGEN

In der ersten Grundübung geht es um die Bedienung des Airbrushgerätes. Mit Hilfe von Linien können Sie nicht nur den Umgang mit dem Gerät trainieren, sondern auch überprüfen, ob das Airbrushgerät funktionstüchtig ist. Je nach Abstand zum Malgrund können Sie feine Linien oder einen breiten Sprühstrahl mit dem Airbrushgerät erzeugen.

// DÜNNE LINIEN

Dünne Linien erzeugen Sie mit geringem Abstand zum Malgrund. Außerdem halten Sie das Gerät ganz steil, drücken den Hebel herunter und ziehen ihn ganz leicht und vorsichtig nach hinten. Damit Sie keine „Punkte" am Anfang Ihrer Linie erhalten, ist es notwendig, dass Sie den Hebel herunterdrücken und erst in der Bewegung den Hebel nach hinten schieben. So erhalten Sie einen tolles Ein- und Ausfaden der Linie.

// BREITE LINIEN

Breite Linien erreichen Sie mit einem höheren Abstand zum Malgrund. Damit der Farbauftrag stärker zur Geltung kommt, können Sie zusätzlich den Farbhebel weiter nach hinten ziehen. Dadurch wird die Düse weiter geöffnet und mehr Farbe strömt aus. Die Linien müssen nicht glatt und eben sein – das Wichtigste ist, dass man von links beginnt und dann das Gerät nach rechts herüber bewegt. Dann wird die Farbzufuhr gestoppt und man fängt von rechts wieder nach links zu sprühen an. Wenn Sie zwischen den beiden Seiten die Farbzufuhr nicht unterbrechen, erhalten Sie unschöne Farbansammlungen in den Kurven. Dies würde im Motiv später stören.

Wenn Sie beim Farbauftrag mit dem Arm sehr langsam über den Malgrund fahren, kann die Linie ein wenig wellig oder klecksig werden. Bewegen Sie deshalb das Airbrushgerät recht zügig mit dem ganzen Arm über den Malgrund. Diese Linienübung bildet schon mal die Grundlage für spätere Farbverläufe.

// SCHLEIFEN

Mit der Schleifen-Übung trainieren Sie die Koordination des Airbrushgerätes und können testen, welche Bewegungen und Handgriffe zu welchem Ergebnis führen. Beginnen Sie mit einer geringen Farbmenge mit geringem Abstand zum Malgrund und zeichnen Sie eine Schleife – Sie bekommen eine dünne Schleife. Vergrößern Sie gleichmäßig den Abstand zum Malgrund und ziehen Sie den Hebel ein wenig mehr nach hinten, dann erhalten Sie dickere Schleifen. Sprühen Sie zur Übung einige Schleifen von „dünn nach dick" und direkt wieder von „dick nach dünn". Sie werden sehen: „Übung macht den Meister". Aber auch wenn Sie das Gerät beherrschen, ist es später immer mal wieder notwendig, mit Hilfe der Linien- und Schleifenübung festzustellen, ob das Gerät noch richtig funktioniert oder einzelne Bauteile evtl. verdreckt oder defekt sind.

// SPRÜHPUNKTE

Mit dem hier gezeigten Übungsbogen lernen Sie, gezielt Sprühpunkte zu setzen. Ziel der Sprühpunkte-Übung ist es, möglichst viele kleine Sprühsterne auf kleinstem Raum unterzubringen. Dies erreichen Sie, wenn Sie das Gerät senkrecht halten, den Hebel zunächst nur herunterdrücken und dann ganz leicht nach hinten ziehen, so dass nur ein wenig Farbe austritt. Benutzen Sie zur Stabilisierung die linke Hand. Halten Sie das Gerät steil über einen der Punkte mit ca. 5 cm Abstand. Bedenken Sie auch hierbei: Je dichter Sie am Malgrund sind, umso feiner können Sie arbeiten.

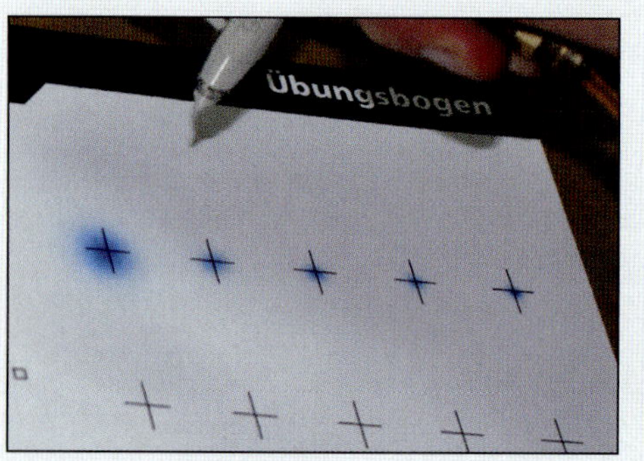

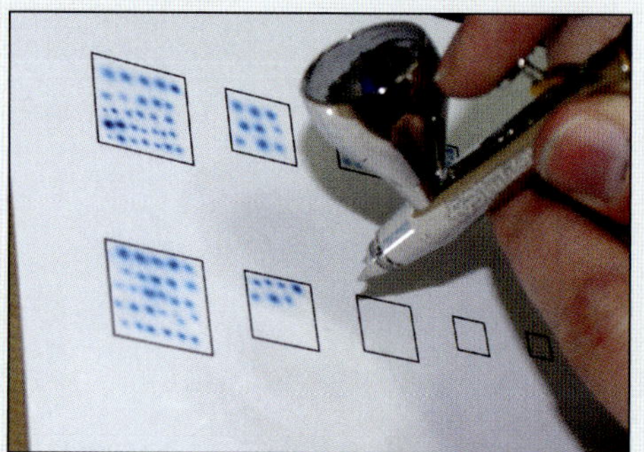

// FARBVERLÄUFE

Farbverläufe sind besonders schwierig, daher diese wohl wichtigste Koordinationsübung zum Schluss: Grundsätzlich gilt es immer, am Rand des Objektes anzufangen, da es sonst gerade als Anfänger sehr schwierig ist, einen harmonischen Verlauf zu erzeugen. Spritzen Sie die Farbe mit großem Abstand zum Untergrund in gleichmäßigen Bewegungen von links nach rechts sowie von rechts nach links auf. Am Anfang eines Farbverlaufes ist die Farbe stark gesättigt – am Ende sollte der Farbauftrag langsam abnehmen. Durch die Variation des Abstandes gelangt mehr und weniger Farbe auf den Malgrund.

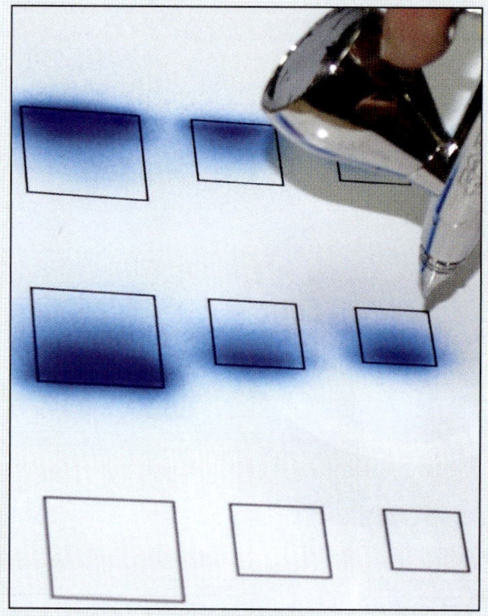

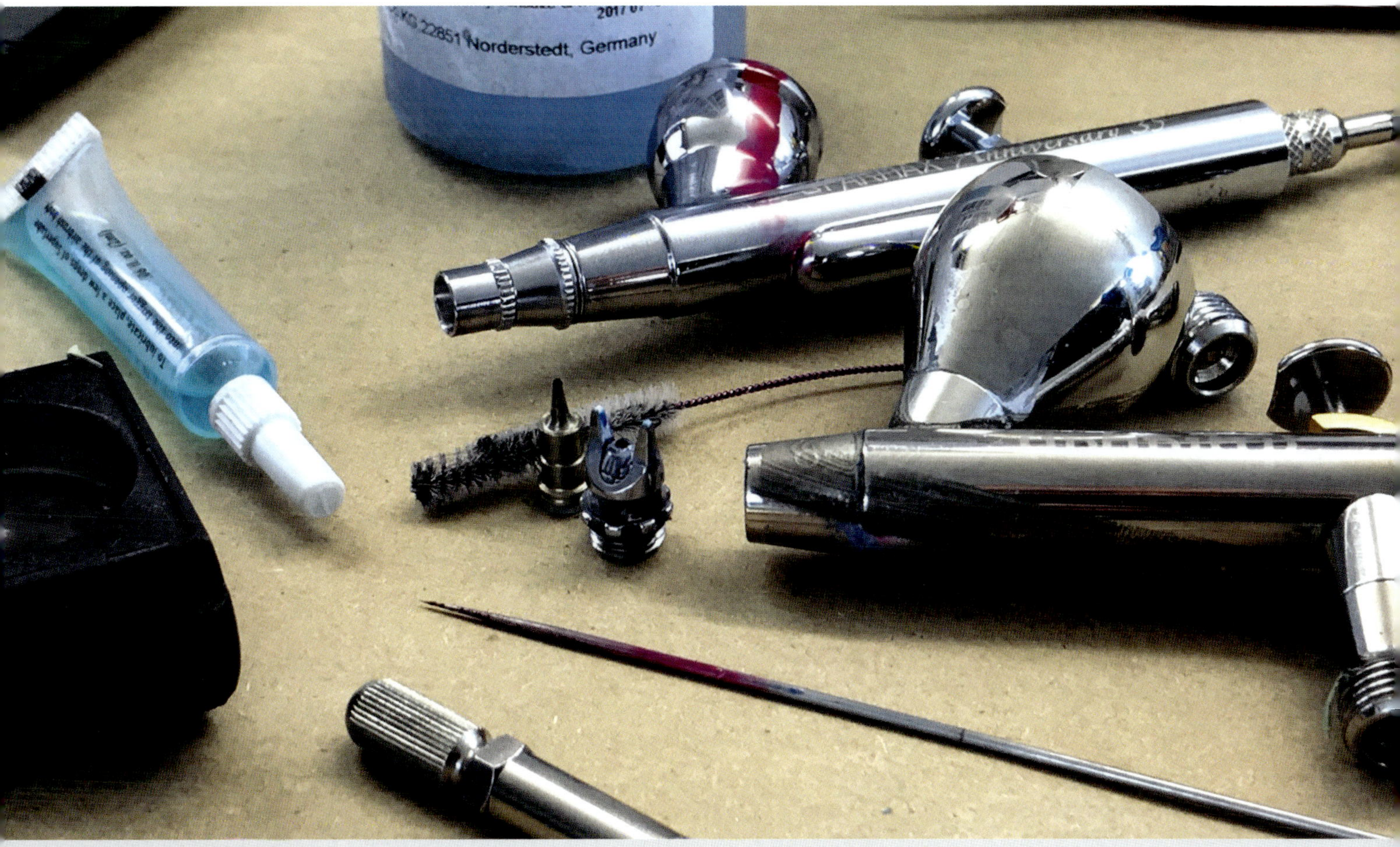

Reinigung

Düse und Nadel, die wichtigsten und auch teuersten Komponenten eines Airbrush-Gerätes, müssen gut gepflegt und gereinigt sein, da sonst das Arbeitsgerät den Dienst versagt oder nicht das gewünschte Ergebnis bringt.

Neben der Reinigung per Hand gibt es noch die Möglichkeit, das Airbrush-Gerät nach einer Grobreinigung in ein Ultraschallreinigungsgerät zu legen. Die Reinigung ist recht zügig und ordentlich. Das Airbrush-Gerät muss nachträglich aber wieder etwas gefettet werden, damit alle Bauteile einwandfrei funktionieren und nicht stocken. Ein gutes Ultraschallgerät kostet um die 50 €.

Schritt für Schritt wird nun dargestellt, wie Sie Ihre Airbrush auseinander nehmen und die wichtigsten Bestandteile reinigen.

Schritt 1: „Vorwäsche"

Farbe ausspritzen, Reste mit Wasser und/oder geeignetem Reinigungsmittel und Pinsel/Wattestäbchen lösen und ausspritzen. Als Reinigungsmittel gibt es von jedem Farbhersteller eine entsprechende Flüssigkeit, die empfohlen wird.

Schritt 2: Gerät öffnen

Ist das Gerät äußerlich sauber, geht es an die innenliegenden Komponenten. Beenden Sie dafür zunächst die Druckluftzufuhr. Schrauben Sie dann das Endstück und die Nadelklemmmutter ab und legen Sie die Teile sorgsam zur Seite.

Schritt 3: Nadel

Die Nadel kann nun vorsichtig nach hinten herausgeschoben werden. Mit einem Tuch, auf dem sich etwas Reiniger befindet, wird die Nadel gereinigt. Nehmen Sie die Nadel dazu am besten zwischen Zeigefinger und Daumen und drehen Sie den Schmutz in eine Richtung ab. Hecktische Hin- und Herbewegungen könnten die Nadelspitze verbiegen. Weitere hartnäckige Farbreste können Sie auch vorsichtig mit dem Fingernagel abkratzen. Überprüfen Sie nach jeder Reinigung die Nadelspitze auf Deformierungen. Ist die Nadel sauber, kommt auch diese sorgsam an die Seite.

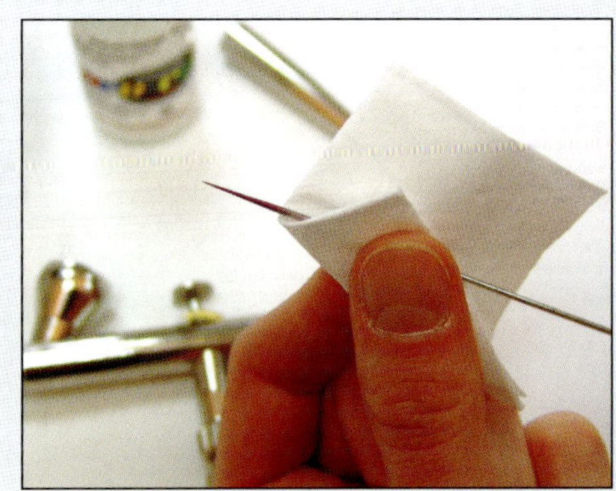

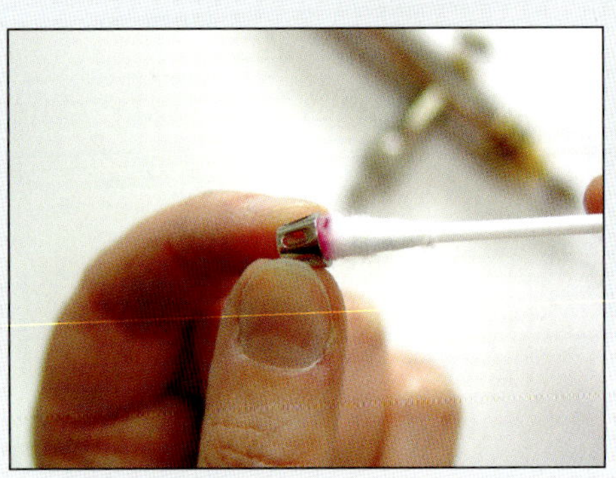

Schritt 4: Nadelkappe

Nadelkappe abschraubenund mit einem Wattestäbchen reinigen.

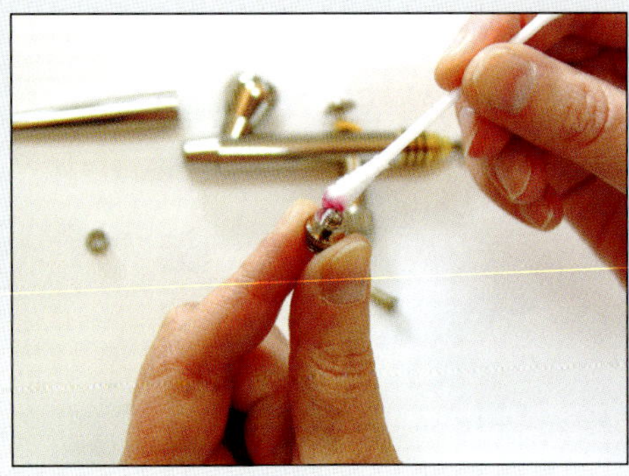

Schritt 5: Luftkopf

Schrauben Sie nun den Luftkopf ab und reinigen Sie ihn mit einem Wattestäbchen. Achten Sie darauf, dass die Austrittsbohrung für die Nadel komplett rund und sauber bleibt, damit nach dem Zusammenbau der Farbstrahl korrekt versprüht wird.

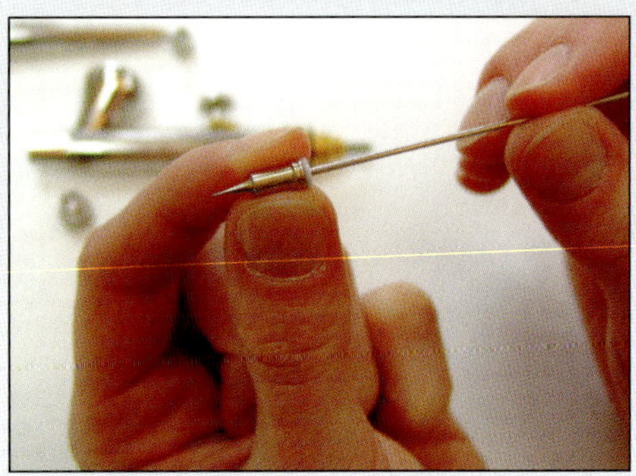

Schritt 6: Düse

Entnehmen Sie die Düse und schieben Sie mit einem sehr feinen Pinsel oder der Nadel vorsichtig Farbreste aus dem Inneren heraus. Prüfen Sie die Düse und die Dichtung anschließend auf Risse oder Deformationen. Benutzen Sie dafür eine Lupe. Achten Sie darauf, dass Sie die Düsendichtung nicht verlieren, da sonst nach dem Zusammenbau die Farbe im Gerät anfängt zu blubbern.

Schritt 7: Zusammenbau

Nun kann die Düse in den Luftkopf eingesetzt und angeschraubt werden. Dafür den Hebel herunterdrücken und die Nadel vorsichtig bis zum Anschlag einführen. Zum Schluss die Nadelklemmmutter und das Endstück aufschrauben und das Gerät ist wieder gebrauchsfertig.

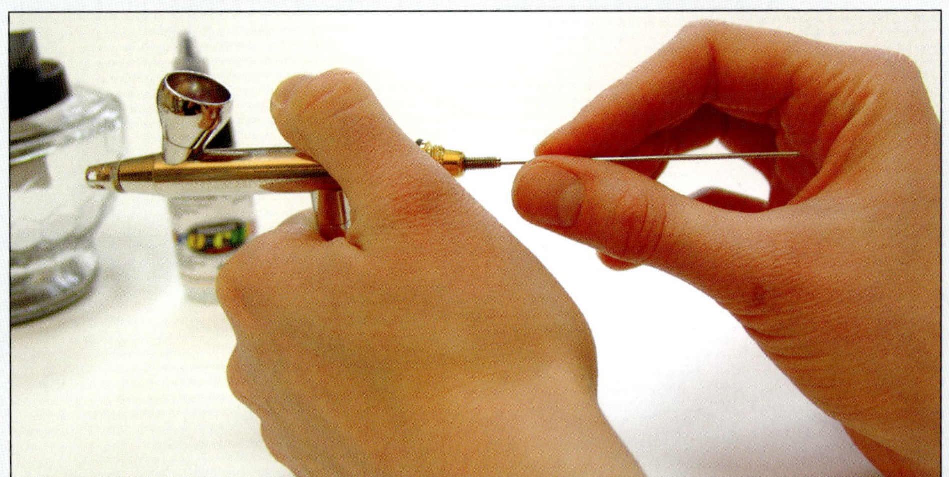

Tipps zur Airbrush- und Kompressor-Wartung

// AIRBRUSH

Vor jedem Airbrush-Einsatz sollte man mit kurzen Schleifenübungen schauen, ob der Sprühstrahl ein sauberes Bild macht. Ist z.B. die gesprühte Linie unterbrochen, kann das Gerät (meist die Düse) u.a. dreckig oder eine Komponente defekt sein.

Stellt man ein unsauberes Spritzbild fest, reicht oft schon das schnelle Zurückziehen des Hebels, um ganz schnell viel Farbe aus der Düse zu schießen. Dies spült die Nadelspitze von Farbansammlungen frei. Oder man schraubt das Griffstück ab, löst die Mutter und zieht die Nadel rein und wieder raus und drückt gleichzeitig dabei den Knopf. Auch so kann viel Flüssigkeit Düse und Nadel freispülen und man hat reelle Chancen, dass man gut weitersprühen kann, ohne das Gerät komplett zu reinigen.

Legen Sie niemals den ganzen Apparat in Lösemittel. Geben Sie gelegentlich etwas dünnes Öl an die Hebelmechanik. Halten Sie Nadelspitze und Düse frei von Öl und Fett, da es das Spritzbild beeinflussen kann.

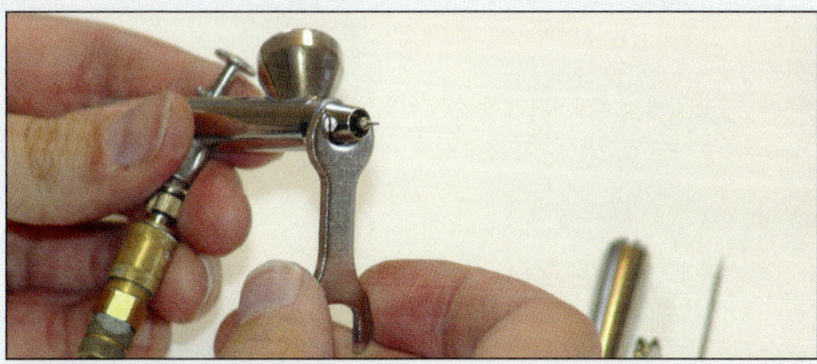

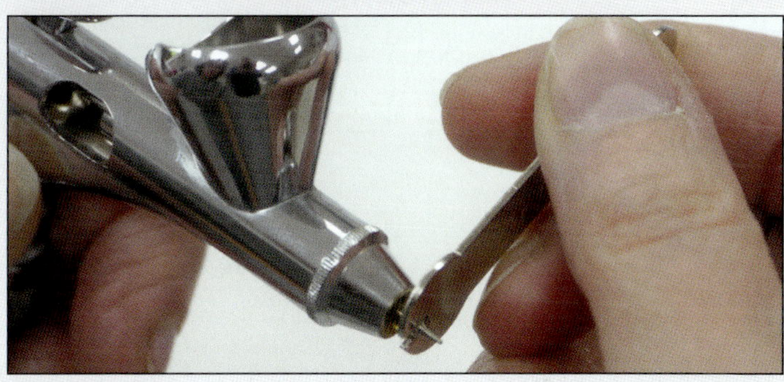

Nadel, Düse und Dichtungen sind Verschleißteile, die bei Bedarf auszutauschen sind. Bei einigen Modellen sind Düsensätze sowie Fließbecher auf verschiedene Größen umrüstbar.

Bei einigen Herstellern werden die Airbrushgeräte mit Schraubdüsen ausgeliefert. Entsprechendes Werkzeug zum Abschrauben der Düse wird aber immer mitgeliefert.

// KOMPRESSOR

Grundsätzlich sollte man sich bei jedem Kompressor an die Anweisungen des Herstellers in der Bedienungsanleitung halten.

Legen Sie regelmäßige Pausen ein, wie vom Hersteller empfohlen, in denen das Gerät abkühlen kann. Dann erreicht das Gerät eine lange Lebensdauer.

Bei Öl-Kolbenkompressoren empfiehlt es sich, den Ölstand in regelmäßigen Abständen zu überprüfen, um den Motor in einem guten Zustand zu belassen.

Bei Geräten mit Drucklufttank sollte man überprüfen, ob sich dort Kondenswasser angesammelt hat, damit der Tank nicht durchrostet. Ein Wasserablass befindet sich in Form eines kleinen Hahns an der Oberseite des Drucktanks oder an der Tankunterseite als Schraube. Gerade bei langen und intensiven Airbrush-Sessions, bei denen der Kompressor regelrecht ins Schwitzen kommt, sollte dies kontrolliert werden.

ALTERUNGSEFFEKTE BEI MODELLBAHNEN

GRUNDLAGEN VON MANFRED FINKENZELLER

Das Altern von Modellen ist in vielen Bereichen ein Thema, vor allem aber im Bereich der Modelleisenbahnen. Anhand von drei verschiedenen Lok-Modellen lassen sich verschiedene Techniken aufgrund ihrer unterschiedlichen Eigenschaften, Form- und Farbgebung gut verdeutlichen. Viele dieser Techniken lassen sich aber natürlich auch auf andere Modellbereiche und -typen übertragen.

MATERIALIEN

Um meine Modelleisenbahn altern zu lassen, benutze ich eine Iwata HP-B (0,2 mm Düse) und eine Evolution (0,2-0,4 mm Düse). Die Wahl des Airbrushgerätes spielt aber im Prinzip keine Rolle. Interessanter sind da die Farben: Ich bevorzuge Acrylfarben auf Wasserbasis und verwende deshalb Oesling Modellbau Acryllack sowie seit kurzem Vallejo Model-Air Farben. Der Acryllack von Oesling ist in Modellbaukreisen sicherlich bekannt, wird aber meist eher mit dem Pinsel verarbeitet. Für die Airbrush ist die fast cremige Farbe zu zähflüssig und muss mit reichlich Wasser verdünnt werden. Um die Oberflächenspannung der Farbe zu senken, gebe ich manchmal noch einen Tropfen Alkohol dazu. Die Farbe trocknet nach dem Auftragen sehr schnell und haftet gut.

Vallejo Model-Air Farben werden bereits spritzfertig ausgeliefert und haben eine hohe Deckkraft. Die anfänglich etwas dürftige Haftung steigert sich beim Trocknen enorm. Dies bietet aber auch Vorteile, wenn die Farbe wie bei meiner bevorzugten Technik teilweise wieder

abgetragen werden soll. Die von Vallejo mitgelieferte Farbtonübersicht bietet nicht nur Vergleichswerte für RAL, sondern auch für andere Modellbau-Hersteller wie Tamya, Humbrol, Revell etc., um den richtigen Ton zu finden. Zusätzlich sind drei Vallejo-Klarlacke von Matt bis Hochglanz erhältlich.

TYPISCHE PATINA-ELEMENTE

Um den Verfall der Boliden darzustellen, sollte man wissen, wie sich diese Schicht aus „Eisenbahnpatina“ aufbaut: Zum großen Teil besteht sie aus Bremsstaub, Ruß, Rost und Schmieröl. Bei Dampflokmotiven kommen noch die typischen Kalkablagerungen vom Kesselwasser hinzu. Bei solchen Arbeiten kommt mir mein Beruf als Lokführer natürlich gelegen, weil man tagtäglich jede Menge Beispiele und Anschauungsmaterial für Alterserscheinungen vor Augen hat.

Vorher

Nachher

ARBEITEN IN SCHICHTEN

Ich benutze zum Altern verschiedene dunkle, erdige bis rostrote Töne, die schichtweise übereinander gelegt werden. So ergibt sich ein vielfältiges realistisches Farbenspiel. Zwischendurch wird Farbe von erhabenen Stellen wieder mit unterschiedlichen Mitteln abgetragen. Die Vielzahl der Schichten bringt dabei das realistische Ergebnis. Um dem Modell einen realistischen Alterungseffekt zu verpassen, ist aber nicht nur ein sehr dünner Farbauftrag, sondern auch die richtige Verteilung der Ablagerungen entscheidend. Referenzmaterial ist dabei sehr wichtig.

Vorher

Nachher

GROBE VERSCHMUTZUNGEN UND ABLAGERUNGEN

Diese Rangierlok ist ein richtiges Arbeitstier und wird selten pfleglich behandelt. So ist es nicht verwunderlich, wenn darauf die dickste Patina zu finden ist. Von Dieselfiltern und Umweltschutz hatte man in dieser Epoche sicher noch keine Ahnung. Entsprechend ausgeprägt sind die Ablagerungen auf der Maschine. Besonders schmutzig sind auch die Bereiche am Motorumlauf, an den Pufferträgern und den Motortüren, die zur Wartung mit fettverschmierten Handschuhen geöffnet werden, um Motoröl und Dichtungen zu überprüfen. Hier ist die Verteilung der Farbe wichtig. Die Farbe sollte deshalb nicht zu gleichmäßig, sondern an einigen Stellen mehr und anderen geringer ausfallen.

Bei der Dampflok findet man dunkle Ablagerungen von Fett und Öl in Verbindung mit Bremsstaub an den Rädern und Treibstangen sowie an den Puffern vorne und hinten. Das verharzte Öl auf dem hellen Metall ergibt mit der Zeit eine honiggelbe bis braune Färbung.

RUSS

Im Dachbereich der Rangierlok ist eine fast schwarze Färbung vom Ruß der Auspuffgase zu finden. Um die Nieten, den Kamin und die Pfeife herum ist sie besonders stark ausgeprägt.

SEIDIGER GLANZ VON SCHMIERÖL

Bei der Alterung von Modellen kommt es aufs Detail an, deshalb fällt dem engagierten Modellbauer auch auf, dass Scharniere und Griffstangen an Zügen einen seidigen Glanz von Schmieröl und Staubablagerungen bekommen. Am Modell entsteht dieser auf unterschiedliche Weise: Man kann der Farbe etwas verdünnten Klarlack (seidenmatt) beimischen, oder wie es quasi beim Original geschieht, die getrocknete Farbe aufpolieren, bis der richtige Glanzgrad erreicht ist.

WEISSE KALKABLAGERUNGEN

Weiße Kalkablagerungen wie bei dieser Dampflok sind nur an jenen Stellen zu finden, an denen viel Wasser verdunstet. Das ist z.B. an den Zylinderbuchsen, der Wasserpumpe oder dem Einfüllschacht für das Brauchwasser der Lok. Jede Abweichung davon wirkt unglaubwürdig. Bei Kalkflecken sollte man nicht übertreiben und sehr stark verdünntes Weiss in vielen Schichten aufbauen. Zwischen den Weiss-Schichten sollte auch ein Hauch „Bremsstaub" (also ein Braunton) nicht fehlen, damit ein natürlicher Eindruck entsteht und das Weiß nicht zu sehr leuchtet.

FEINE DRECKKRUSTEN AN TÜRSCHARNIEREN UND LÜFTUNGSGITTERN

Türscharniere und Lüftergitter sind häufig mit einer Öl-/Dreckkruste überzogen. Der Dreck sammelt sich üblicherweise in unzugänglichen Ecken und Vertiefungen, die beim Reinigen der Fahrzeuge ausgespart bleiben. Hier wurde die Farbe etwas weniger verdünnt und sofort nach jedem Sprühgang mit Küchenkrepp, Wattestäbchen oder einem weichen Tuch zum Teil wieder abgerieben. Nachdem ca. 15 Schichten aufgetragen sind, ist der gewünschte Effekt erreicht. Es erfordert einige Übung, bis ein realistischer Eindruck mit dieser Technik gelingt. Vorübungen sowie ein genaues Studium von Referenzmaterial sind empfehlenswert.

SCHEIBENWISCHER-FELD

Bei dem Schienenbus der Baureihe 98 ist besonders auf der Frontscheibe ist die feine Schichtung der Ablagerungen deutlich zu erkennen, da sich der sauber gewischte Bereich der Scheibenwischer davon abhebt. Um diesen Effekt zu erreichen, wurde das „Scheibwischer-Feld" vorher mit einem passenden Stück Maskierfolie abgedeckt. Danach habe ich in sehr feinen Sprühgängen aus größerer Entfernung darübergenebelt. Besonders wichtig ist hier, mit stark verdünnter Farbe zu sprühen. Aber Vorsicht!

Durch die hohe Verdünnung ist kaum mehr ein Farbauftrag zu erkennen. Statt eine hauchdünne Schicht aufzutragen neigt man dann dazu, den Bedienhebel weiter nach hinten zu ziehen, um mehr Farbe abzugeben. Das Resultat sind nicht selten unschöne „Krähenfüße", die den realistischen Eindruck sofort zerstören. Deshalb ein kleiner Trick: Ich stelle mir eine Lampe so an den Arbeitsplatz, dass sich Lichtreflexionen auf meinem Modell zeigen. Dort, wo der Farbstrahl auftrifft, wird diese Spiegelung verändert. So kann ich genau sehen, wo ich gerade arbeite und wie nass die Farbe ist, obwohl kaum Pigmente auf die Oberfläche gelangen.

ALTE LOK IN NEUEM GLANZ

Modellbahn mit Airbrush restaurieren von Mathias Faber

Jeder, der eine Modelleisenbahn besitzt, hält irgendwann einmal ein arg bespieltes Lokmodell in der Hand. Unabhängig davon, ob es sich dabei um ein Relikt aus der eigenen Kindheit oder ein bemitleidenswertes Exemplar aus der Grabbelkiste handelt, stellt sich dann die Frage, ob die Lok nicht wieder instand zu setzen wäre? Interessant ist diese Frage insbesondere bei Modellen, die es (so) nicht mehr zu kaufen gibt und für die auch keine neuwertigen Ersatzteile zu vernünftigen Preisen zur Verfügung stehen. Auch dabei kann die Airbrush-Technik wertvolle Hilfe leisten.

Dieser Artikel erschien u.a. auch in Mathias Fabers Buch „Modellbahn realistisch gestalten" aus dem Heel-Verlag, Königswinter (2015).

// GRUNDAUSSTATTUNG // Alte Lok in neuem Glanz

Airbrush: Evolution von Harder & Steenbeck

Farben: Modellbaufarben von verschiedenen Herstellern

Untergrund: ROKAL TT E 03 (Maßstab 1:120) aus dem Jahre 1968

Materialien: Rokal-Kataloge, Referenzmodell ROKAL TT E 03, Pinsel, Pappe, Skalpell, Klebeband, Schneidematte, Rubbelkrepp

Schritt 1: Referenzen

Ob mit oder ohne den Anspruch des absolut originalgetreuen Restaurierens sollte in jedem Fall ein möglichst unbeschädigtes Originalmodell als Vorlage herangezogen werden, dazu Referenzfotos aus Katalogen, Zeitschriften und Büchern. Wenn sich Qualitätsmängel oder Unregelmäßigkeiten an einem Referenzmodell zeigen, ist natürlich zu hinterfragen, ob diese nur ein Einzelstück betreffen oder ein Manko in der Serienfertigung sind. Für die Klärung dieser Frage können Produktfotos in Prospekten, Katalogen und Büchern hilfreich sein, soweit sichergestellt ist, dass Originalprodukte abgebildet sind. In unserem Fallbeispiel geht es „nur" darum, eine ROKAL TT E 03 (Maßstab 1:120) aus dem Jahre 1968, die einem ungeeigneten Reinigungsmittel zum Opfer gefallen war, wieder „wie früher" aussehen zu lassen. Wie Sie sehen, habe ich den ROKAL-Neuheiten-Prospekt aus dem Jahr 1968 und einen Katalog von 1969 verwendet.

Schritt 2: Problem Fotoretusche

Die Bilder der E 03-Lok und der dazugehörigen Wagen sind stark retuschiert, lediglich das Foto mit der kompletten Anlage zeigt die Lok recht unverfälscht. Fotoretuschen sind leider nicht immer so offensichtlich wie in alten Prospekten. Zudem werden für die Werbung gern Vorserien- und Entwicklungsmodelle fotografiert, wenn die Serienfertigung noch gar nicht begonnen hat. In unserem Fall existieren firmenseitig veröffentlichte Aufnahmen von Modellanlagen, auf denen die Lok mit den am Referenzmodell entdeckten Schwachstellen zu sehen ist. Auf diesem Ausschnitt aus dem Katalogfoto ist die unlackierte Dachpartie links gut zu erkennen. Diese Mankos sollen bei unserer Restauration so gut es geht nachempfunden werden.

Schritt 3: Auswahl der Farben

Hier sehen Sie unten im Bild das Referenzmodell der ROKAL E 03 neben dem „gereinigten" Lokkasten. Für die Bearbeitung der zu restaurierenden Lok können moderne (wasserlösliche und lösungsmittelbasierte) Acrylfarben verwendet werden, die sich problemlos verarbeiten lassen. Bei der Lackierung der realen, „großen" E 03-Lok sind die Farbtöne als RAL-Töne festgelegt. Die nächste Frage ist also, ob die Firma ROKAL bei diesem Modell ebenfalls mit Original-RAL-Tönen lackiert hat oder mit Farbtönen, die einem sogenannten Scale-Effekt Rechnung tragen. Um die Farben zu bestimmen, vergleichen Sie am besten Ihr Referenzmodell mit einer RAL-Farbkarte.

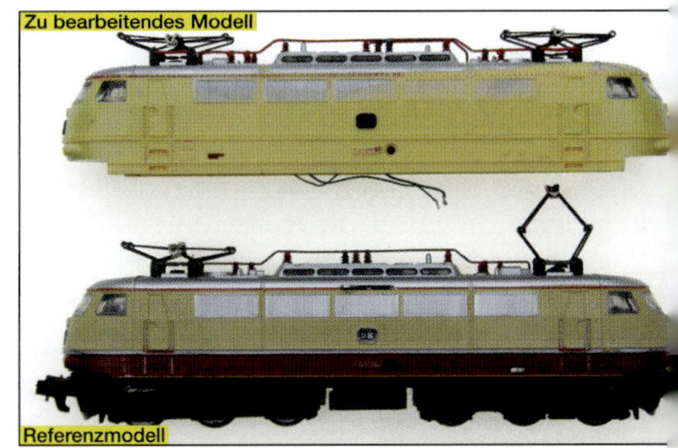

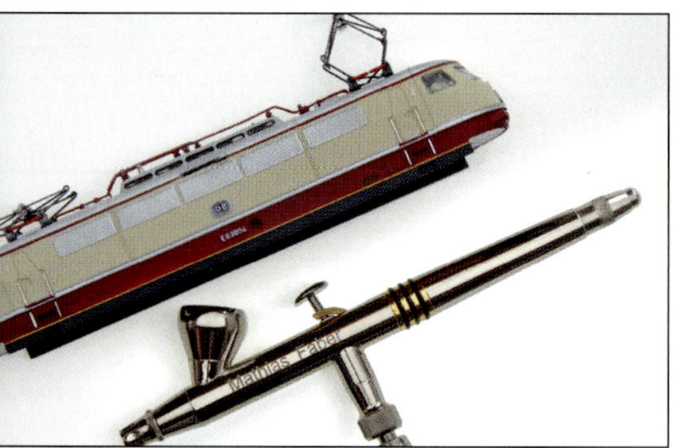

Schritt 4: Demontage der Lok

Sollen Lackierarbeiten an einem Eisenbahnmodell ausgeführt werden, so ist es meist am besten, das Modell dafür möglichst vollständig auseinander zu bauen. Bei unserer ROKAL-Lok ist dies leider nur eingeschränkt möglich. So lassen sich vom abgenommenen Lokkasten weder die Fenster- und Lampeneinsätze noch die Stromabnehmer mit ihren Dachleitungen und der seitliche Umschalthebel (oben mittig im roten Band) auf Anhieb entfernen. Um auszuschließen, dass beim weiteren Demontieren etwas kaputt geht, verbleiben die Bauteile also beim Lackieren sicherheitshalber am Lokkasten. Zu sehen ist hier bereits das fertig gestellte Modell. Ich habe meinen Airbrush dazu gelegt, um Ihnen einen Eindruck von der Baugröße TT (1:120) zu verschaffen.

Schritt 5: Metallband

Die Neulackierung des Lokkastens beginnt mit dem Spritzen des aufgesetzten und umlaufenden Metallbandes. Dieselbe Farbe werde ich später ebenfalls für die seitlichen Lüftungsgitter sowie die Ausbesserungsarbeiten am Dach verwenden. Deshalb muss der genaue Metallfarbton des Daches gefunden bzw. nachgemischt werden. Im Bereich des Lokdaches ist der Metallfarbauftrag glücklicherweise nur seitlich, oberhalb des Führerstandes und der Tür, beschädigt. Die Metallfarbe auf dem übrigen Dach weist weder starke Verschmutzungen noch sichtbare Farbveränderungen auf. Daher kann sie später nur partiell nachlackiert werden. Ich habe den kompletten Lokkasten mit Klebeband maskiert, so dass nur der schmale Streifen des Metallbandes noch offen liegt. Danach habe ich die Farbe aufgetragen und anschließend die Maskierung wieder entfernt.

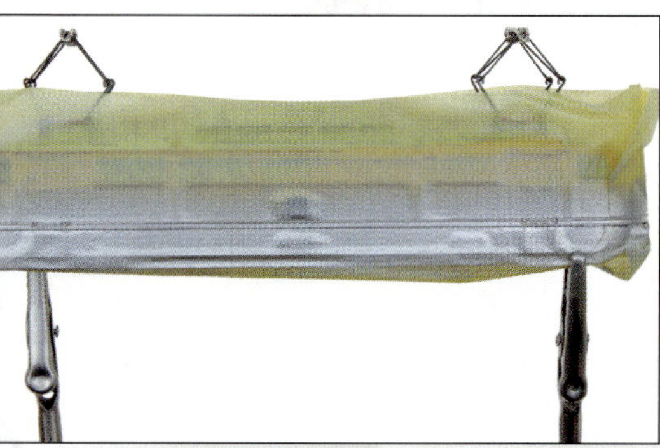

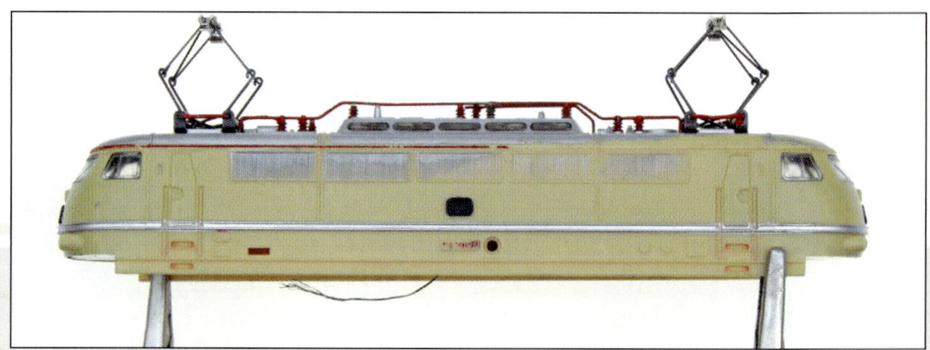

Schritt 6: Lokkasten

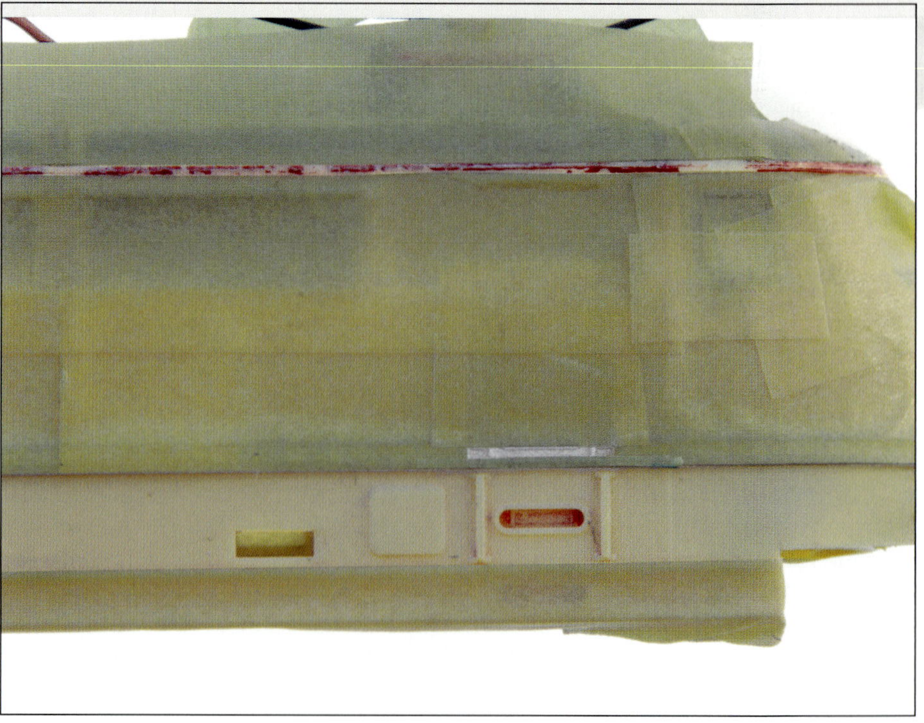

In diesem Schritt werde ich die in Rubinrot zu spritzenden Flächen des Lokkastens mit Klebeband abgrenzen, um die angrenzenden Bereiche vor Overspray zu schützen. Die Fläche wird durch die Leiste des 1.-Klasse-Strichs unten und die Profile des Metallbandes oben begrenzt. Das Metallband an sich wird durch die Türen unterbrochen, deshalb wird dieser Teil beim Abkleben ausgespart. Lediglich die untere Profilleiste läuft geschlossen durch. Nun lackiere ich alle ausgesparten Flächen rubinrot, also die Zierlinie zwischen Dach und Seitenwand, den Lokkasten und den Bereich direkt unterhalb der Türen und Griffstangen. Es folgt der erhabene 1.-Klasse-Strich oberhalb des Lokrahmens, der durch seine gelbe Farbe im Bild von Schritt 3 deutlich erkennbar ist.

Schritt 7: Maskierung der Profil-Leisten

Auf der unten durchlaufenden Profilleiste wird die Maskierung mit sehr schmalen Maskenstreifen ergänzt. Diese Streifen werden vorab geschnitten, indem ein ausreichend langes Stück Abdeckband auf eine Schneidematte geklebt wird und dort die Streifen abgetrennt werden.

Referenzmodell

Referenzmodell

Schritt 8: Mängel in der Original-lackierung

Wenn restauriert oder zumindest das ursprüngliche Aussehen der Lok wiederhergestellt werden soll, dient als Vorgabe für die Qualität des Farbauftrags das Referenzmodell. Genau betrachtet offenbart die E 03-Lackierung von ROKAL sichtbare Schwächen. Augenfällig sind diese beim Referenzmodell an der Unterseite der Türen und am Dach. In den Vertiefungen entlang der Türen und Griffstangen hat die Maskierung für die Originallackierung nicht vollständig mit der Oberfläche abgeschlossen und wurde unterspritzt. Auch oberhalb des Führerstandes 2 ist ein Stück Dach entlang des roten Bandes unlackiert.

Schritt 9: Schwierige Maskierungen

Zu beachten ist, dass auch bei meiner Restauration der Farbauftrag an einigen Stellen mit dem Abdeckband nicht sauber zu begrenzen ist. Zu diesen Stellen gehören die Dachrinnen über den Seitenfenstern des Führerstandes und die Stöße des 5-teiligen Lokkastens. Hier ist die Profilierung des Modells zu fein für die Materialstärke des Maskierbandes. Da es anschließend aber unproblematisch ist, die erhabenen Profile zum Spritzen der benachbarten Flächen exakt zu maskieren, wurde diese Reihenfolge der Arbeitsschritte gewählt. Erhabene Profile mit eigener Farbe werden deshalb also zuerst lackiert. Die später auf diese Profile geklebten Abdeckbänder begrenzen die dazwischen liegenden Farbflächen dann randscharf. Auch in den Vertiefungen entlang der Türen und Griffstangen wird das Maskierband materialbedingt unterspritzt. Der nach oben verlaufende Farbauftrag der Referenzlok entsteht somit auch hier.

Schritt 10: Flüssigmaskierung
Mit Maskierflüssigkeiten, auch „Masking Fluid“ oder „Rubbelkrepp“ genannt, lassen sich feinste Profile, Vertiefungen, Gravuren und geschwungene Formen absolut präzise und randscharf maskieren. Während größere und gerade begrenzte Flächen sehr effektiv mit Maskierband abgedeckt werden, sind besonders im kleinteiligen Bereich die Maskierflüssigkeiten vorteilhaft. Vor dem Lackieren der beige einzufärbenden Flächen werden die Glaseinsätze, also Fenster und Lampen, sowie die Bahnschilder und Dachrundungen mit „Rubbelkrepp“ bedeckt.

Schritt 11: Entfernen der Maskierung
Lackiert wird, sobald die Maskierflüssigkeit einen gummiartigen Überzug gebildet hat, was recht schnell geschieht – also beim Auftragen der Masking Fluid mit dem Pinsel nicht allzu bedächtig vorgehen! Das vorsichtige Abrubbeln der Maskierung folgt, sobald die dann gespritzte Farbe staubtrocken ist. Wie an der Dachrundung zu sehen, lassen sich Abdeckband und „Rubbelkrepp“ auch gut miteinander verarbeiten. Wichtig ist dabei nur, dass erst das Abdeckband aufgeklebt wird, damit ein ungewolltes Unterspritzen an den Kanten des Maskierbandes ausgeschlossen wird.

Schritt 12: Dachlackierung
Aus maskiertechnischer Sicht interessant ist auch das Ausbessern der beschädigten Dachlackierung. Da sich unser Modell der E 03 nicht vollständig auseinander bauen ließ, war bereits die Entscheidung gefallen, das Dach nur über die beschädigte Stelle hinweg nachzulackieren. Bevor die neue Lackschicht auf das Dach gespritzt wird, ist jedoch darauf zu achten, dass der ursprüngliche Lack beim Verderben der Originallackierung nicht wulstartig zur verbliebenen Farbfläche hin zusammengeschoben wurde. Beim Überspritzen mit dem neuen Lack würde sich dieser leichte Wulst in der Fläche stärker abzeichnen und ist deshalb vorher vorsichtig abzuschleifen.

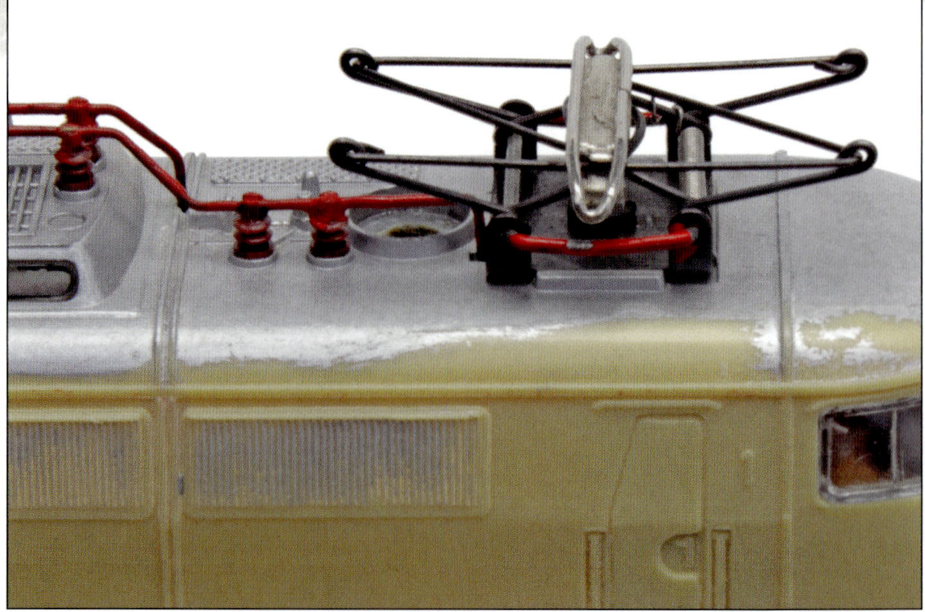

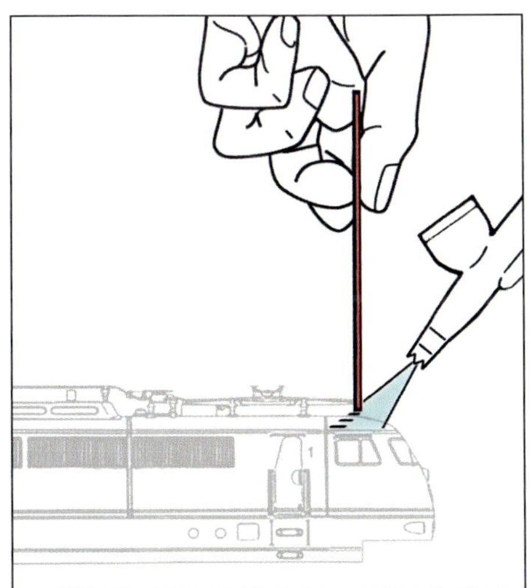

Schritt 13: Unscharfe Begrenzung des Farbauftrags

Der zu spritzende Farbton ist präzise auf den verbliebenen Originallack abgestimmt. Würde vor dem Lackieren dieser Dachpartie die ursprüngliche, noch erhalten gebliebene Lackierung mit Maskierband abgeklebt und damit scharf begrenzt, so entstünde mit der neuen Lackschicht eine deutlich sichtbare Kante. Ein unsichtbarer Übergang zwischen der neu zu spritzenden Farbe und der bestehenden Dachlackierung ist deshalb mit einem weichen Verlauf möglich. Eine knapp über der Dachoberfläche gehaltene Pappe bewirkt beim Spritzen eine solchermaßen unscharfe Begrenzung des Farbauftrags zum übrigen Dach hin. Ein übergangsloser Anschluss der neuen an die alte Lackschicht kann entstehen. Zudem werden bei dieser Vorgehensweise aufwändige Maskierarbeiten am übrigen Dach weitestgehend überflüssig.

Lackiertes Modell

Schritt 14: Pinselarbeiten

Bevor die Griffstangen, Lampenringe, Bahnembleme und Lokbeschriftungen mit dem Pinsel abschließend neu eingefärbt werden, sind die untersten Seitenbleche in einem Anthrazitton zu lackieren. Der Farbton ist dabei auf die Drehgestelle, Pufferverkleidungen und Schürzen genau abzustimmen. Für die noch übrig gebliebenen Detailarbeiten in Silber wird ein sehr feiner Pinsel benutzt. Ein weiterer, äußerst wichtiger Punkt für das Gelingen der Pinselarbeiten ist zudem die richtige Konsistenz der ausgesuchten Farbe. Ist diese zu flüssig, so läuft sie natürlich auf die dahinter liegenden Flächen bzw. in die umliegenden Vertiefungen. Bei ungenügender Verdünnung wiederum trägt die Farbe zu stark auf und bekommt eine unregelmäßige Oberfläche. Sind Pinsel und Farbkonsistenz stimmig, kann unter einer vernünftigen Arbeitslupe das Bemalen der Details gut gelingen.

Referenzmodell

Referenzmodell

Lackiertes Modell

Referenzmodell

Schritt 15: Vergleich zum Originalmodell

Zum Abschluss gilt es auch hier, wie bei den vorangegangenen Arbeitsschritten zu prüfen, wie genau das Originalmodell und die nachempfundene Lackierung übereinstimmen. Wenn das Originalmodell mit all seinen Fehlern und Highlights nahezu identisch wiedergegeben ist, ist das gesetzte Ziel erreicht.

GUT GETARNT

Panzerbemalung und -alterung von Heike Kohn

Um dem Heng Long Stug 3 Modellpanzer eine authentische Farbgebung, Abnutzungsspuren und Alterungseffekte wie Lack-Abplatzer und Rost zu verleihen, kommen klassische Modellbautechniken wie Chipping, Trockenmalen, Filtering und das Gestalten von Verschmutzungen zum Einsatz. Am Ende sieht das Panzermodell seinem Vorbild aus dem Zweiten Weltkrieg verdammt ähnlich.

// GRUNDAUSSTATTUNG // Gut getarnt

Airbrush: Iwata-Revolution HP-BR 0,3 mm

Farben: Vallejo Model-Air (Farben, Thinner, Primer, Fixierer und Klarlack Acrylic Matte Varnish), Mig-Pigmente, Ölfarben und Balsam-Terpentinöl von Schmincke

Untergrund: Modellpanzer Stug 3 von Heng Long (Sturmgeschütz 3, Ausführung G) aus Kunststoff

Materialien: Pinsel, Küchenrolle, Schwamm

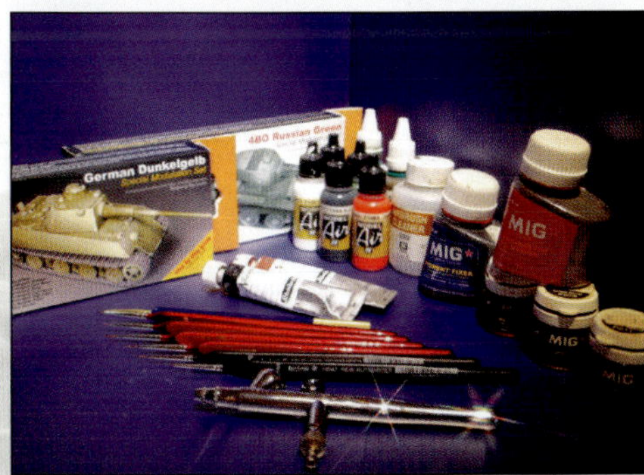

Schritt 1: Material

Bevor ich mit der Arbeit beginne, stelle ich mir mein komplettes Farbsortiment zusammen, das ich im Großen und Ganzen für die Bemalung meines Panzer-Modells benötige. Ich nehme hauptsächlich die Airbrushfarben Model-Air von Vallejo für die Bemalung. So habe ich eine große Auswahl und kann die verschiedenen Farben bestens miteinander vermischen. Außerdem sind die Farben einfach und schnell zu verarbeiten. Für das Finish werde ich Pigmente von MIG verwenden. Hierfür können auch die AK-Produkte von Vallejo benutzt werden, da diese auch eine hervorragende Qualität aufweisen. Als Airbrushpistole bevorzuge ich die Iwata Revolution HP-BR mit 0,3 mm-Düse.

Schritt 2: Das Modell

So sah das Modell vor dem Farbauftrag aus. Wie Sie sehen, wurde es in Grau vorgrundiert. Das Laufwerk habe ich komplett demontiert, um es besser bearbeiten zu können.

Schritt 3: Grundierung und Schattierung

Als Erstes habe ich das Modell vorsichtig gesäubert und entfettet. Ich benutze handelsübliches Spülwasser und Spiritus. Danach wird das Modell mit Vallejo-AK-Primer eingesprüht. Der Primer dient zur Haftung der Farbe auf dem Modell (Haftungsverbinder). Als Nächstes werden das Modell und die Teile des Fahrwerks mithilfe der Airbrush an den Kanten abgedunkelt. Das dient zur Schattierung des Modells. Hierfür verwende ich Dunkelgelb-Shadow von Vallejo. Zu der Farbe gebe ich einen Tropfen Vallejo Thinner. Dadurch wird die Trocknungszeit der Farbe an der Airbrush-Nadel verzögert.

Schritt 4: Grundfarbe aufhellen

Nachdem die Kanten mit Dunkelgelb-Shadow abgedunkelt wurden, möchte ich nun das Panzermodell Schritt für Schritt aufhellen, um die korrekte Grundfarbe darzustellen. Hierfür benutze ich Vallejo Dunkelgelb Dark Base. Die Farbe wird von innen nach außen gesprüht. Es ist darauf zu achten, dass die abgedunkelten Stellen noch leicht durchschimmern. Als nächstes habe ich die Farbe Dunkelgelb-Light Base von Vallejo verwendet. Ich sprühe erneut von innen nach außen. An den äußeren Kanten achte ich auch wieder darauf, dass das Dunkelgelb-Shadow und das Dunkelgelb Dark Base nicht komplett überdeckt werden. Zum Schluss kommt Vallejo Dunkelgelb High Light zum Einsatz. Ich sprühe die Farbe nur leicht auf die Oberfläche des Modells. So werden die stark ausgeblichenen Bereiche dargestellt.

Schritt 5: Tarnflecke

Bei den Tarnflecken verwende ich eine Mischung aus Vallejo AK Dark Russian Base, Vallejo AK Russian Base und Vallejo Model Air Olive Green. Bei der Zusammensetzung dieser Mischung gehe ich nicht streng nach Tropfenangaben vor, sondern mische die Farben nach meinem Bauchgefühl. Das würde ich jedem empfehlen, da die Farben im Original auch nicht auf jedem Panzer genauestens übereinstimmten. Damals wurde beim Anstrich der Originalfahrzeuge mit verschiedenen Mitteln gearbeitet, z.B. mit verdünnter Farbe. Daher stammen die verschiedenen Nuancen, die ich imitieren möchte.

Schritt 6: Licht und Schatten

Ich persönlich habe mich dafür entschieden, auch die Tarnflecken auf den oberen Bereichen leicht aufzuhellen. Durch das Anlegen von Licht und Schatteneffekten wirkt das Modell „lebendiger“. Hier auf den Bildern erscheint dieser Schritt ganz schön extrem, aber nach diversen weiteren Arbeitsschritten ist dieser Effekt wieder abgeschwächt. Für das Aufhellen benutze ich als erstes Vallejo Russian Light Base. Der Farbauftrag erfolgt wieder von innen nach außen und ich gehe dabei sparsam vor. Zum Schluss habe ich diverse Stellen sehr dezent mit Vallejo Russian High Light aufgehellt. Hierbei ist ebenfalls zu beachten, dass man die Farbe nur sporadisch und in geringen Mengen aufträgt.

Schritt 7: Filtering

Bevor es weitergeht, überziehe ich das Modell mit einem matten Klarlack. Hierfür benutze ich Acrylic Matte Varnish von Vallejo. Das dient zum Schutz der bestehenden Farbe vor den nachfolgenden Ölfarben und verhindert Farbverschiebungen. Nachdem dieser gut durchgetrocknet ist, arbeite ich ohne Airbrushpistole weiter und das Modell bekommt seine erste Filterung. Beim sogenannten Filtern wird die einheitliche Grundfarbe mit einem zweiten Farbton etwas aufgelockert und bekommt einen bräunlichen Schimmer. Hierfür habe ich mit Ölfarben und Balsam-Terpentinöl von Schmincke gearbeitet. Die Farben Schwarz, Braun und ein wenig Umbra werden stark verdünnt (1:9), mit dem Terpentinöl vermischt und dann mit einem Pinsel auf das Modell aufgetragen. Nach dem Trocknen kann ich später mit dem sogenannten Chipping, also dem Gestalten von Alterungs- und Gebrauchsspuren beginnen.

Schritt 8: Wasser- /Rostläufer

Für die Wasser- oder Rostläufer nehme ich verschiedene Ölfarben und setze mit dem Pinsel ganz kleine Punkte. Der Pinsel wird in das Terpentinöl getaucht und auf einem sauberen Stück Küchenrolle abgestrichen. Beim Farbauftrag führe ich ihn immer mit dem Fluss der Läufer. Das kann solange wiederholt werden, bis die Läufer oder das Fading den gewünschten Effekt erzielen.

Schritt 9 : Chipping

An den Kanten sollen nun Abnutzungsspuren entstehen, also beginne ich mit dem Chipping. Hierfür nehmen Sie einen handelsüblichen Schwamm mit einer Scheuerseite. Die Scheuerseite wird vom Schwamm gelöst. Aus dem Material wird dann ein kleines Knöllchen geformt. Das Knöllchen wird dann in die Grundfarbe getaucht (hier grau) und auf dem Küchenrollen-Papier solange abgetupft, bis nur noch wenig Farbe darauf zurückbleibt. Jetzt tupfen Sie es auf die entsprechenden Stellen. Sie können das Chipping nach eigenem Ermessen durchführen und so den Grad der Abnutzung oder Alterung des Modells bestimmen.

Schritt 10: Lack-Abplatzer

Um Lack-Abplatzer darzustellen, wird als erstes mit einem feinen Pinsel eine weiße Kontur angelegt. Im zweiten Schritt wird die Grundfarbe des Originalpanzers (hier grau) vorsichtig innerhalb der weißen Kontur aufgetragen. Es sollte ein sehr feiner weißer Strich außen bestehen bleiben, um die Abbruchkante des Lackes darzustellen. So wirkt der gemalte Abplatzer realistischer.

Schritt 11: Verschmutzung

Um Verschmutzungen zu imitieren, werden jetzt einige Elemente wie die Ketten, Laufräder und Teile der Karosserie mit Pigmenten versehen. Sie können Pigmente von MIG oder Vallejo benutzen und diese trocken mit dem Pinsel auftragen. Damit die Pigmente nach eigenem Wunsch platziert werden können und die entsprechende Schmutzwirkung entsteht, muss danach Thinner verwendet werden. Dieser wird mit einem Pinsel einfach auf die Pigmente aufgetragen und diese können so hin- und her geschoben werden. Nach Belieben können diese dabei aber auch wieder entfernt werden. Nachdem alles gut durchgetrocknet ist und Ihnen die farbliche Abstimmung gefällt, werden die Pigmente abschließend mit einem Pinsel und Fixierer versiegelt und können nun nicht mehr verändert werden.

Schritt 12: Trockenmalen

Obwohl wir nun am Modell, dem Laufwerk und an den Ketten verschiedene Abnutzungs- und Alterungsspuren sowie Verschmutzungen vorgenommen haben, sieht trotzdem das Modell noch „flach“ aus und hat wenig Leben. Deshalb folgt jetzt in meinen Augen ein kleiner, aber sehr wichtiger Schritt. Um erhabene Stellen sowie mühsam angebrachte Details wie Schrauben, Verschlüsse oder Scharniere mehr zur Geltung zu bringen, wird das sogenannte Trockenmalen (lösungsmittelfreies Malen) angewandt. Auch das ist erforderlich, um das Modell realistisch mit Licht und Schatten zu gestalten. Ich nehme wieder Schmincke-Ölfarben, einen alten, gerade abgeschnittenen Pinsel und ein Stück Papier von einer Küchenrolle. Dann wird die entsprechende Grundfarbe Stück für Stück aufgehellt. Das ist realistischer, als sofort mit Weiß trocken zu malen. Tauchen Sie den Pinsel in die Farbe und streichen Sie ihn solange ab, bis kaum noch Farbe daran haftet. Nun werden die erhabenen Stellen vorsichtig mit dem Pinsel überstrichen. Das wird auf dem kompletten Modell, Laufwerk und Ketten vollzogen.

Schritt 13: Gerödel

Ganz zum Schluss habe ich für dieses Modell verschiedenes Gerödel bemalt. Dazu zählen Holzkisten, Helme, Taschen, Decken, Eimer, also die komplette Ausrüstung der Soldaten. Hier können Sie genauso vorgehen, wie oben beschrieben. Besonders wichtig ist auch hierbei, die Grundfarbe mit der Airbrushpistole aufzuhellen und anschließend trocken zu malen. Das Gerödel haucht dem Modell noch mehr Leben ein.

Schritt 14: Fertiges Modell

Nachdem ich alle Schritte an dem Modell durchgeführt habe, um realistische Alterungs- und Gebrauchsspuren zu erzeugen, wird es nochmal mit einer Schicht Vallejo Acrylic Matte Varnish überzogen. Jetzt ist das Modell fertig. Abschließend möchte ich sagen, dass man für ein Modell wie den STUG sehr viel Zeit benötigt, um es farblich so zu gestalten, dass es dem Original sehr nahe kommt. Im Laufe der Zeit wird es jedoch einfacher, wenn Sie bezüglich der Alterung die entsprechenden Erfahrungswerte gesammelt haben.

CARIBBEAN SPEEDBOAT

RC-Modellboot-Lackierung von Tobias Mönninghoff

Mit 110 Sachen rast der kleine, orangefarbene Flitzer über die Ostsee. Dank seiner auffälligen Lackierung ist er auch Dutzende Meter vom Ufer entfernt noch gut in den Wellen zu entdecken. Mit Maskiertechniken können solche Designs auch von Anfängern recht schnell und problemlos gestaltet werden. Hier ist sicheres Aufsprühen von Farbverläufen sowie präzises Schneiden und Aussprühen von Maskierfolien gefragt.

// GRUNDAUSSTATTUNG // Caribbean Speedboat

Airbrush: Haider-Brush mit 0,2 / 0,3 mm Düse

Materialien: Maskierfilm, Skalpell, Schmincke Haftgrund, Polychromos Stift, Hansa Transparent Medium, Schriftschablonen

Farben: Hansa Pro-Color Weiß, Magenta, Gelb, Saturnrot, Schwarz, Neutralgrau

Untergrund: RC-Bootsmodell, bestehend aus einem Rumpf und einem Deckel

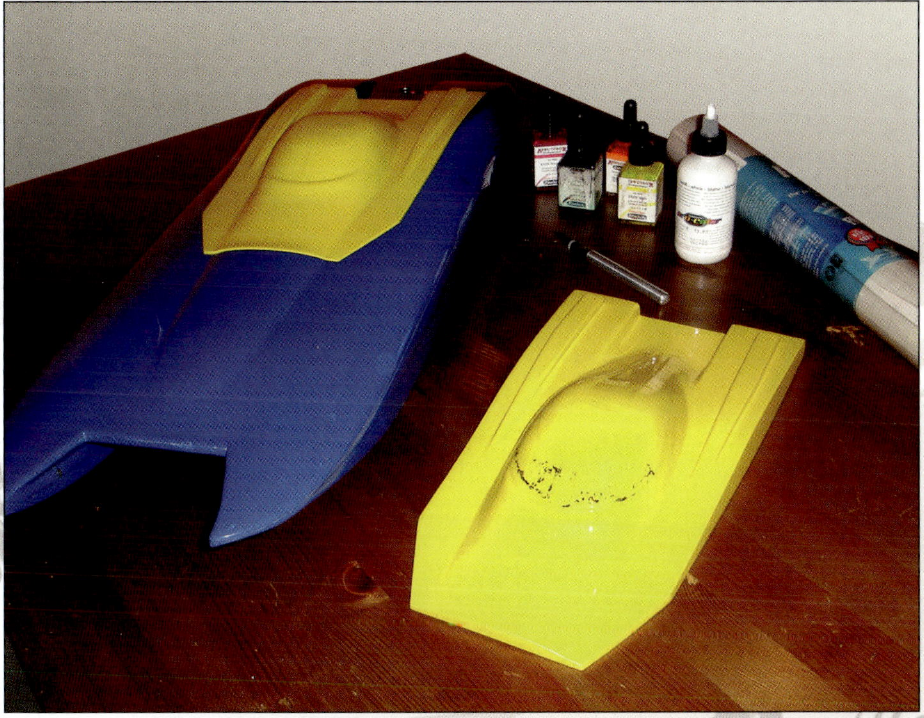

Schritt 1: Oberfläche reiningen

Hier auf dem Bild sieht man das Boot mit Deckel im Originalzustand. Die Oberfläche selber war soweit intakt, aber dennoch ist gründliches Sauberschrubben der Oberfläche notwendig. Hierzu benutze ich Scheuermilch. Zum einen ist sie günstig und effektiv, zum anderen bewirken die kleinen Scheuerpartikel schon einen leichten Anschliff der Oberfläche. Nachdem das Boot dann mit Wasser abgespült wurde, zieh ich mir Einmal-Handschuhe an und wische alles mit Reinigungsbenzin ab, um auch den letzten Rest Fett herunter zu bekommen.

Schritt 2: Grundierung

Nachdem alles soweit sauber ist, kann es losgehen: Ich beginne mit dem Deckel und grundiere ihn mit Haftgrund von Schmincke. Ich verdünne den Haftgrund nicht, sondern sprühe ihn mit einer 0,3 mm Düse auf. Ich trage ihn etwas nasser auf, weil der Haftgrund gerne eine nebelige und rauhe Oberfläche bildet. Durch eine dickere, nasse Schicht wird die Oberfläche glatter.

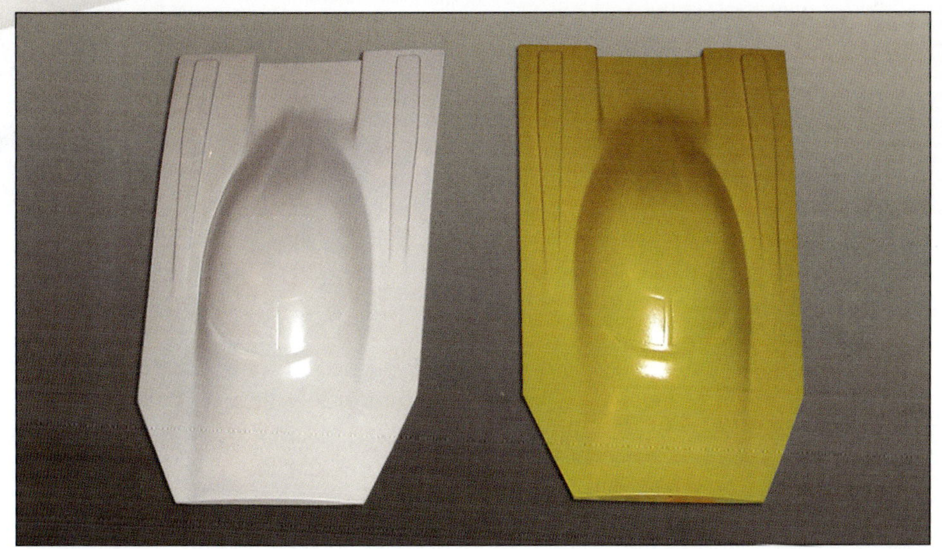

Schritt 3: Grundfarbe Deckel

Nach ca. 45 Minuten Trocknungszeit – ggf. mit dem Fön nachhelfen! – beginne ich, den Deckel weiß einzufärben. Hierzu benutze ich deckendes Weiß von Hansa, unverdünnt in einer Pistole mit 0,3 mm Düse. Dieses trage ich langsam Schicht für Schicht auf, bis von der gelben Original-Oberfläche des Bootes nichts mehr zu sehen ist.

Schritt 4: Grundfarbe Rumpf

Das Gleiche geschieht nun mit dem Rumpf des Bootes. Erst habe ich natürlich die ganze Elektronik so gut, wie es ging, ausgebaut und anschließend die Öffnung mit Klebeband zugeklebt. Der Hohlraum lässt sich am besten mit einer normalen Plastiktüte ausstopfen. Die Anschlüsse am hinteren Teil des Bootes habe ich mit meiner „Zahnstocher-Methode“ zugemacht, damit die Farbe nicht ins Innenleben des Bootes eindringen kann. Anschließend wird der Rumpf weiß eingefärbt.

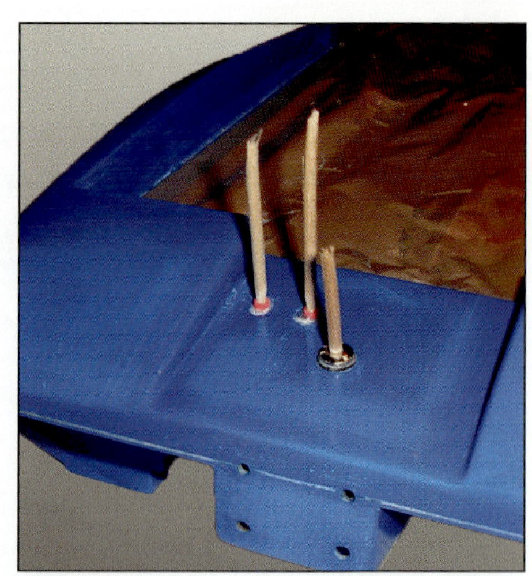

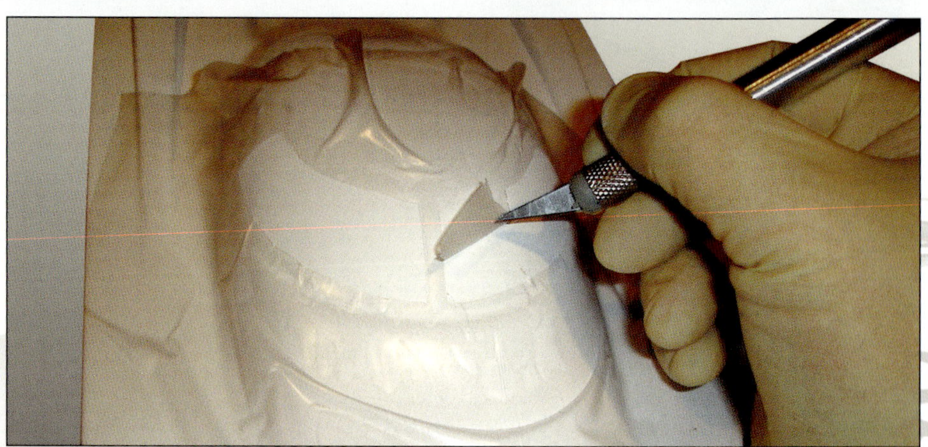

Schritt 5: Fenster maskieren

Es geht weiter. Ich habe mir den weißen Deckel geschnappt, die Fensterfront mit Maskierfolie abgeklebt und vorsichtig der Form entlang die „Cockpit-Scheibe“ ausgeschnitten. Anschließend wird die Fensterfront schwarz gebrusht.

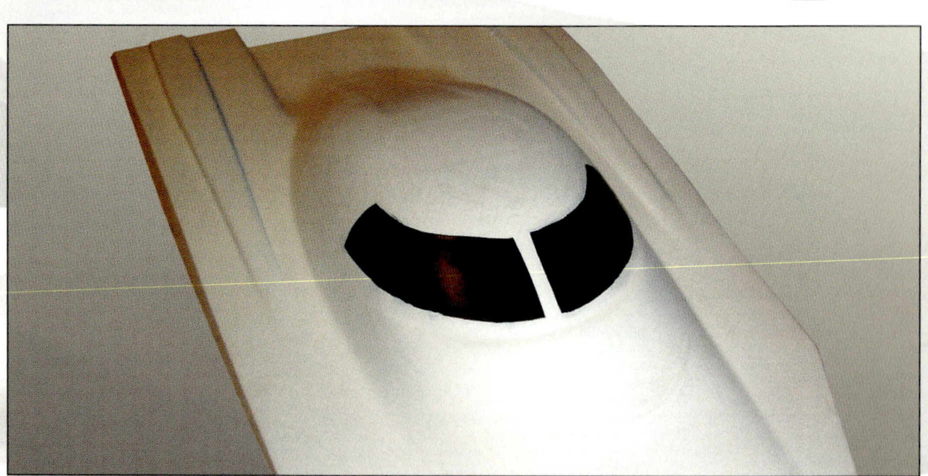

Schritt 6: Pinselkorrektur

Statt Maskierfolie kann man für die Maskierung des Modells auch Regupac Schablonenpapier benutzen, da es sich besser auf gewölbten Flächen kleben lässt. Bei der Maskierfolie entstehen hier und da kleine Faltenschläge, unter die an der Schnittkante etwas Farbe gelangen kann. Also muss man mit dem Pinsel die winzigen Stellen mit deckendem Weiß korrigieren.

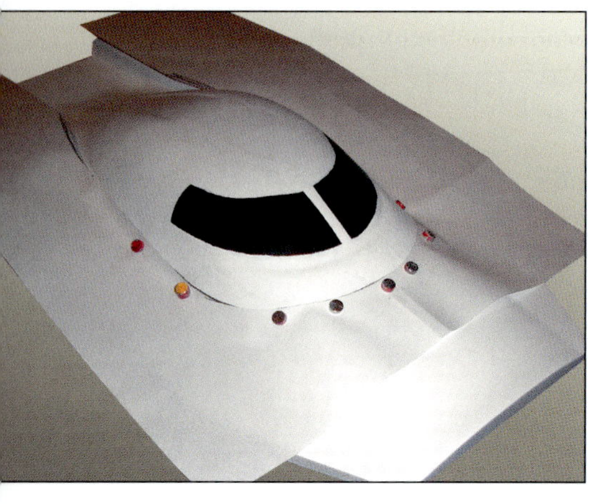

Schritt 7: Schablone für Cockpit-Dach

Nachdem ich das Overspray etwas korrigiert habe, entschließe ich mich dazu, die nächste Schablone für das Cockpit-Dach aus Papier zu schneiden. Die nun zu maskierende Fläche ist recht gewölbt und ich möchte dem Faltenschlag der Folie aus dem Weg gehen.

Da das Material nicht sehr dick ist, kann ich hier wunderbar mit Magneten arbeiten. Setzt man die Magnete nah aneinander, liegt die Schnittkante der Schablone exakt auf dem Untergrund, ohne dass Farbe darunter laufen kann. Die schwarzen Fenster habe ich mit Maskierfilm abgeklebt.

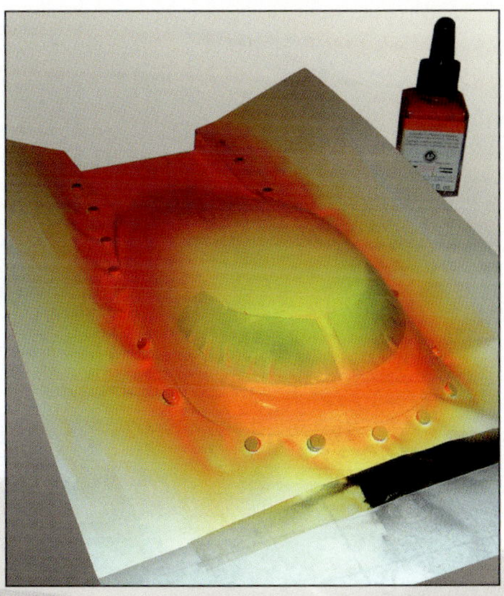

Schritt 8: Farbverlauf gestalten

Ist soweit alles abgeklebt, kann wieder Farbe ins Spiel kommen. Ich benutze Basis Gelb unverdünnt und sprühe es mit einer 0,3 mm Düse auf. Ist die gewünschte Farbintensität erreicht, lasse ich es kurz antrocknen. Dann wechsle ich zu Saturnrot, welches ich 1:3 verdünnt Schicht für Schicht auftrage, um einen Übergang von Gelb nach Saturnrot zu bekommen. Da ich mit lasierenden Farben arbeite, übernebele ich den hintersten Bereich noch mit hochverdünntem Magenta (1:8), um den Ton etwas abzudunkeln.

Schritt 9: Farbschicht schützen

Nachdem die Masken ab sind, ist der Deckel soweit fertig. Zu guter Letzt übernebele ich ihn noch mit transparenter Grundierung, um ihn bis zum Aufbringen des Klarlacks etwas vor Kratzern o.ä. zu schützen.

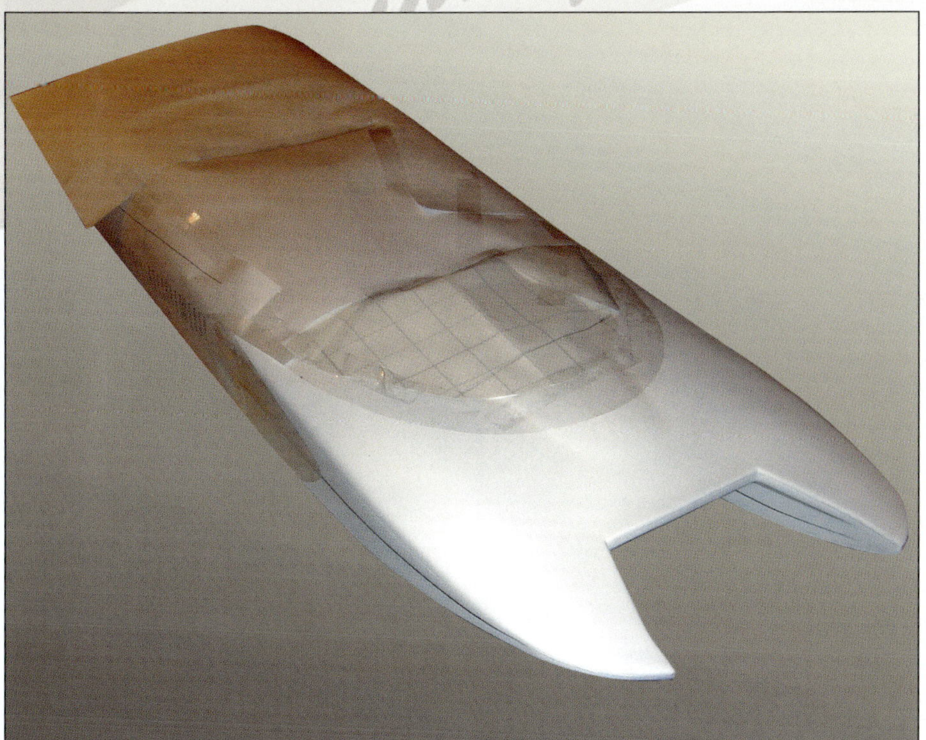

Schritt 10: Maskierung des Hecks

Weiter geht es mit dem Rumpf. Hier schneide ich mir genauso wie bei dem Deckel Schablonen. Ich möchte nur den vorderen Teil des Rumpfes einfärben, deshalb klebe ich den hinteren Teil ab. Leider kann ich hier auf Maskierfilm nicht ganz verzichten, da ich mit der Hand nicht weit genug ins Innere des Bootes komme, um die Magneten anzubringen.

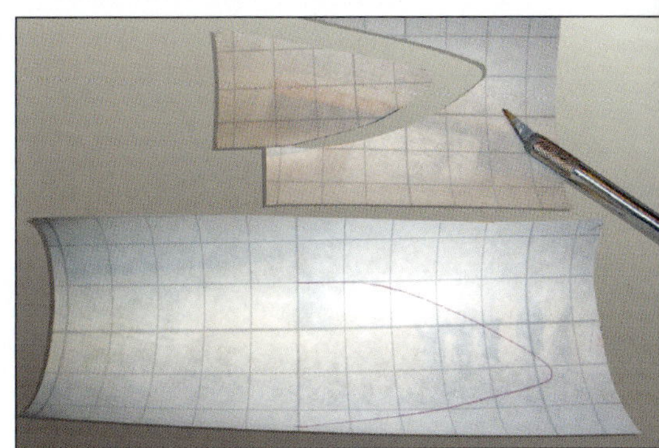

Schritt 11: Farbverlauf

Eingefärbt wird der Rumpf vom Prinzip her genauso wie der Deckel. Gelb vorgelegt, nachher mit Saturnrot darüber genebelt und hier und da einen Verlauf reingebracht. So brushe ich den unteren Teil des Bootes ein bisschen dunkler als den oberen. Das nachträgliche Übernebeln mit Magenta spare ich mir.

Schritt 12: Zwischenstand

Wie ich finde, kommen die knallenden Farben hier vorne am Boot ziemlich gut rüber. Wenn alles demaskiert ist, fange ich mit den Palmen und Schriften an.

Schritt 13: Palmen-Schablone

Auf die Seiten links und rechts sollen zwischen den Schriftzügen Palmen dazu kommen. Nicht fotorealistisch, sondern eher im Comic-Stil. Zuerst zeichne ich die Palme in entsprechender Größe (ca. 3 x 5 cm) auf die Maskierfolie. Anschließend klebe ich die Außenkontur der Palmenmaskierung auf. Der Rest des Bootes wird wieder sorgfältig abgeklebt. Für den Stamm benutze ich Brasil Braun mit etwas Sepia abgetönt. Ich lege die dunkelsten Bereiche des Stammes mit Neutralgrau vor, arbeite so das Volumen heraus und koloriere im Anschluss mit den Brauntönen den Stamm. Wichtig ist darauf zu achten, dass man die hellen Bereiche des Stammes weniger intensiv einfärbt. So entsteht die plastische Rundung.

Schritt 14: Gestaltung der Palme

Die Blätter und die Wiese am Boden sind eine Mischung aus Brillant Grün und Olive. Trotz des Comic-Charakters ist mir das Gras jedoch etwas zu quietschig geworden, somit füg ich noch mehr Olive dazu. Zum Aufsprühen benutze ich meine Haider 0,2 mm und einen Luftdruck von ca. 1 bar. Da ich recht nah an den Untergrund ran gehe, verwende ich auch keine Düsenkappe, um das Spritzbild besser unter Kontrolle zu haben. Um etwas detaillierte Struktur reinzubekommen, benutze ich zusätzlich Polychromos-Stifte in der gleichen Farbe.

Schritt 15: Schriftschablone plotten

Nachdem ich auf beiden Seiten die Palme gesetzt habe, beginne ich mit den Schriften. Dazu benutze ich geplottete Folie, weil die Schriften dann haargenau geschnitten sind, was mit einem Skalpell in der Regel nicht hinzubekommen ist.

Schritt 16: Schriftzug aufsprühen

Ein kleiner Tipp: Weil Plotterfolie recht stark klebt, sprühe ich vor dem Aufbringen der Plotterfolien-Maskierung nochmals Grundierung auf, damit ich nicht Gefahr laufe, mir mit der Folie auch die Farbe herunter zu ziehen. Außerdem verhindert es Kleberückstände. Dann sprühe ich den maskierten Schriftzug „Tommy Bahama“ und die Zahl „41“ mit unverdünntem Schwarz auf der Seite des Bootes auf.

Schritt 17: Letzte Design-Elemente

Auf die Oberseite des Bootes möchte ich jetzt auch noch eine Palme aufbringen. Dazu setze ich zunächst den Deckel wieder auf den Rumpf, weil ich die Palme über die Verbindungskante der beiden Teile hinweg auftragen möchte. Ich sprühe also eine dritte Palme mit Hilfe von Maskierfolie (siehe Bild 13/14). Links und rechts der Palme sprühe ich noch die Initialen „TB“ für „Tommy Bahama“ auf. Auch dafür benutze ich vorher ausgeplottete Folien-Schablonen. Fehlt noch der orangefarbene Schriftzug „Life is one long weekend“: Dazu sprühe ich eine vorbereitete Schablone erst mit Gelb aus und sprühe dann nochmal Saturnrot darüber, damit der Schriftzug einen leichten Verlauf erhält. Wenn alles soweit fertig ist, gebe ich das Boot zum Lackierer zwecks Klarlackversiegelung. Dann geht's ab zum Schippern auf der Ostsee!

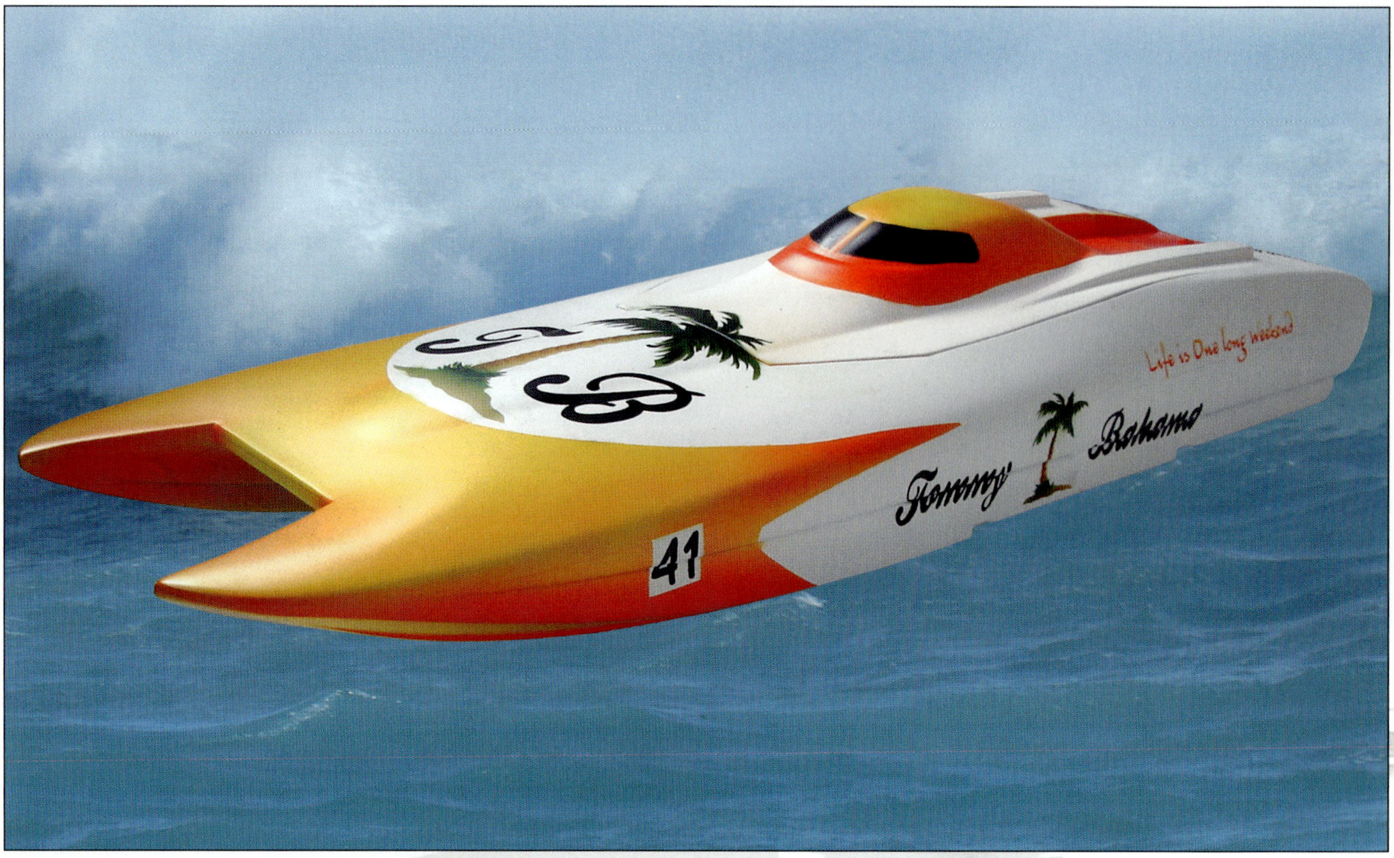
Life is One long Weekend
Tommy
Bahama
41

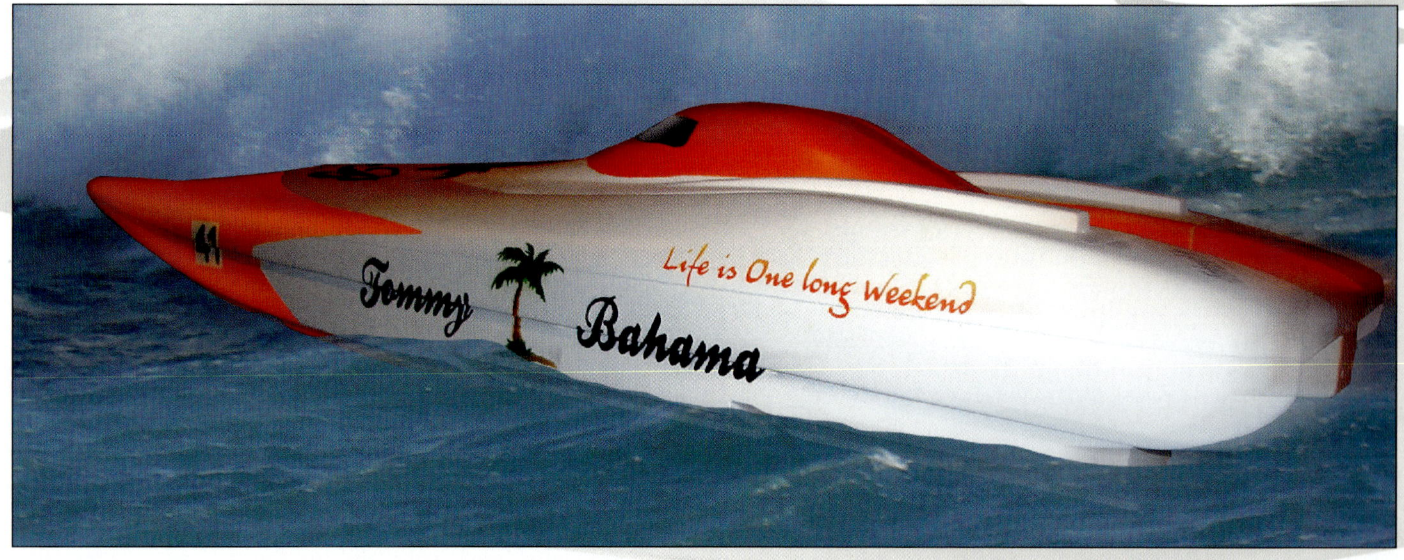

41
Tommy
Bahama
Life is One long Weekend

SCANIA-TRUCK

Realistisches LKW-Modell von Manfred Finkenzeller

So echt wie das Original – das ist eine der häufigsten Anforderungen an die Bemalung von Fahrzeugmodellen. Hier zählt weniger das künstlerische Können als die genaue Analyse der Fotovorlage, die genaue Auswahl der Materialien und höchste Präzision beim Arbeiten. Hier ist nicht nur Fingerspitzengefühl an der Airbrush gefragt, sondern vor allem beim kleinteiligen Anlegen der Maskierung.

// GRUNDAUSSTATTUNG // SCANIA TRUCK

Airbrushes: Evolution und Iwata HP-B mit 0,2 mm Düse.

Farben: Feuerrot und Ultramarinblau von Revell Aqua Color, Illu-Color Weiß von Lukas und Olivgrün von Schmincke Aerocolor

Untergrund: LKW-Modell

Weitere Materialien: Tamiya Masking-Tape, wiederablösbares Klebeband von Scotch, Pinzette, Parallelschneider von Ami, weiche Bürste oder Pinsel, Spülmittellösung

Schritt 1: Vorbereitung

Da das LKW-Modell direkt aus der Verpackung genommen wurde, war eine gründliche Reinigung nicht nötig. In diesem Fall reichen eine Spülmittellösung und eine weiche Bürste oder ein Pinsel, um verbliebene Fettreste von der Herstellung zu entfernen.

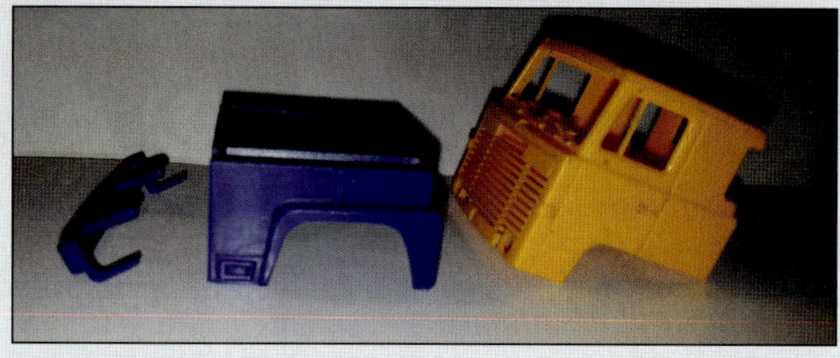

Schritt 2: Grundierung auftragen

Nachdem alles zerlegt und entfettet ist, kann die Grundierung in mehreren dünnen Schichten aufgetragen werden. Ich benutze Weiß von Illu-Color. Das Modell sollte ab jetzt nicht mehr mit den bloßen Händen angefasst werden, um die Haftung der Farbe nicht zu beeinträchtigen.

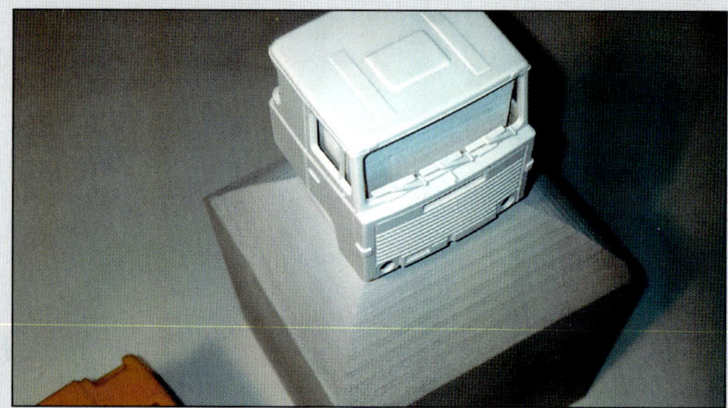

Schritt 3: Maskierung

Nach einigen Stunden Trockenzeit kann mit der Maskierung begonnen werden. Die Trockenzeit ist wichtig, um sicherzugehen, dass sich die Farbe nicht mehr ablöst. Bei sehr feinen Konturen verwende ich gerne Tamiya-Band. Es eignet sich sehr gut, um enge Kanten und Stege zu maskieren. Für das „Grobe“ reicht normales Malerkreppband, um Sprühnebel vom Modell fern zu halten. Nun werden beide Führerhäuser exakt nach Vorlage maskiert. Beim Positionieren der Maske helfen mir die Konturen der Fenster und die Rippen am Kühlergrill.

Schritt 4: Farben auftragen

Ich beginne mit dem blauen Streifen und lackiere nebenbei die Stoßstange im selben Farbton. Diese war schon im Original blau, musste aber trotzdem grundiert werden, um einen einheitlichen Farbton zu erreichen. Im Anschluss folgt die Karosse mit dem roten Streifen. Das Resultat muss noch an einigen Stellen vom Sprühnebel befreit werden. Dazu eignet sich ein weicher Radierstift. Manchmal bleiben Radierkrümel haften, die mit einem weichen Borstenpinsel leicht abgekehrt werden können

Schritt 5: Linien maskieren

Nun wird die grüne Linie vorbereitet. Um mehr Kontrolle zu haben, verwende ich für den Streifen, der frei blei-ben soll, transparentes Klebeband von Scotch. Das Klebeband wird mittels Parallelschneider in gleich breite Stücke geteilt. Genaues Arbeiten ist hier Pflicht, da unterschiedlich breite Streifen bei dieser Größenordnung sofort auffallen würden. Die Streifen lassen sich exakt ausrichten und werden über die zuvor gesprühte Linie gelegt.

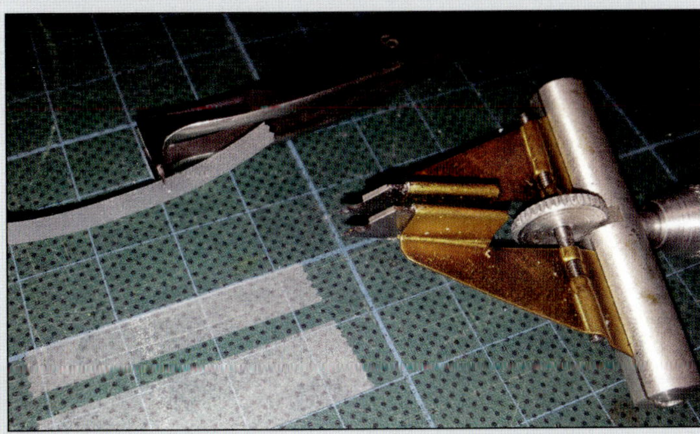

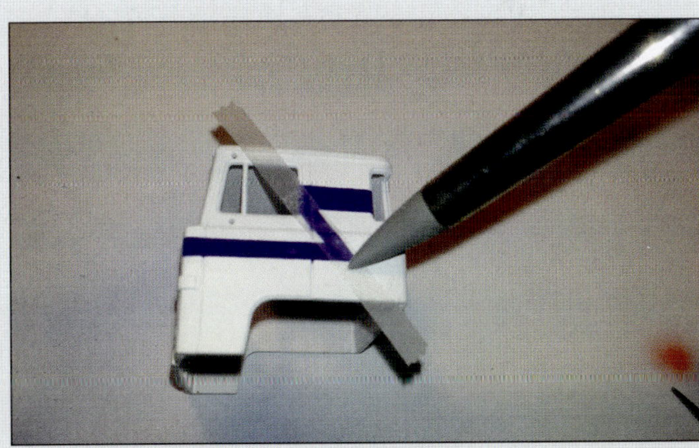

Schritt 6: Grüne Streifen

Die Streifen auf der Front und den Seiten werden grün vorgelegt, danach folgt der etwas breitere Streifen oberhalb. Zum Andrücken der Maske eignet sich ein Silikonpinsel recht gut, da man bei unachtsamen Bewegungen keine Kratzer befürchten muss. Der Streifen wurde wieder mit dem Parallelschneider in einen Teil des Klebefilms geschnitten. Dadurch bleiben die Linien immer im gleichen Abstand und lassen sich leichter ausrichten.

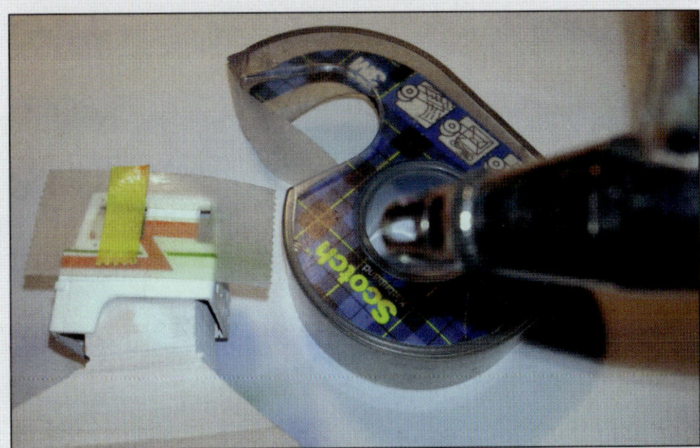

Schritt 7: Farben verdünnen

In diesem Schritt wird die Farbe in mehreren dünnen Schichten aufgetragen. Das Grün, wie auch die anderen Farben, verdünne ich normalerweise 1 zu 1 mit destilliertem Wasser. Zu dieser Mischung füge ich noch einen Tropfen Alkohol hinzu, um die Oberflächenspannung zu verringern. Außerdem wird mit einem weichen Radierstift ein wenig Overspray abgetragen.

Schritt 8: Stoßfänger gestalten

Die Fahrerkabinen sind fast fertig, es fehlen nur noch die Stoßfänger. Diese sollen zweifarbig in Grün/Blau und Grün/Rot bemalt werden. Der bereits mit Tamiya-Tape maskierte Stoßfänger wird in einem Halter festgeklemmt, um ihn nicht mit dem Luftstrom der Airbrush wegzublasen.

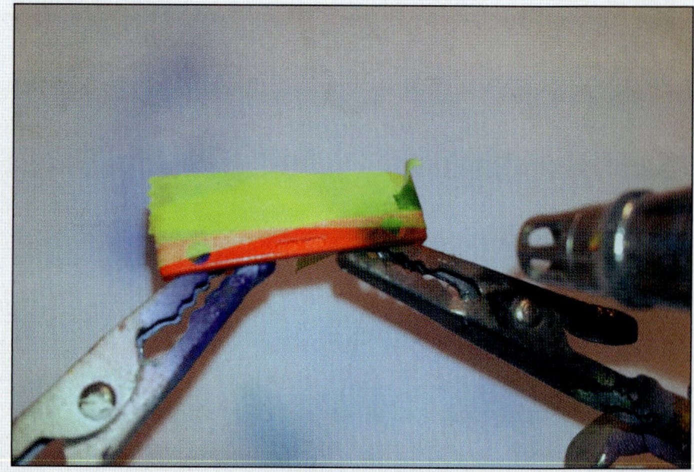

Schritt 9: Deckkraft der Farben

Der Versuch, die grüne Farbe direkt auf den zuvor rot lackierten Untergrund aufzutragen, schlug fehl. Die Deckkraft der Aerocolor-Farben reicht nicht aus. Der Farbton wird zu dunkel und das Rot scheint immer noch durch. Also musste ich nochmal mit Weiß vorlegen. Die gleiche Prozedur wird auch der zweiten Stoßstange zuteil.

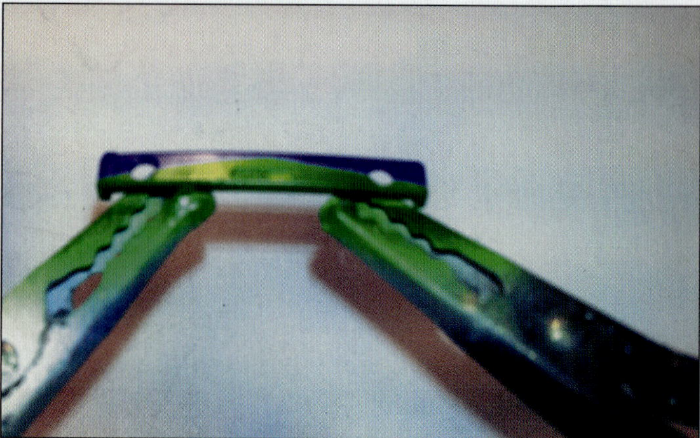

Schritt 10: Zusammenbau der Teile

Nach dem Trocknen können die einzelnen Teile wieder zusammengebaut werden. Der Vergleich mit dem Referenzbild ist zufriedenstellend.

Schritt 11: Fertiges Modell

Hier sehen Sie den fertigen Lkw!

BEETLESNAKE

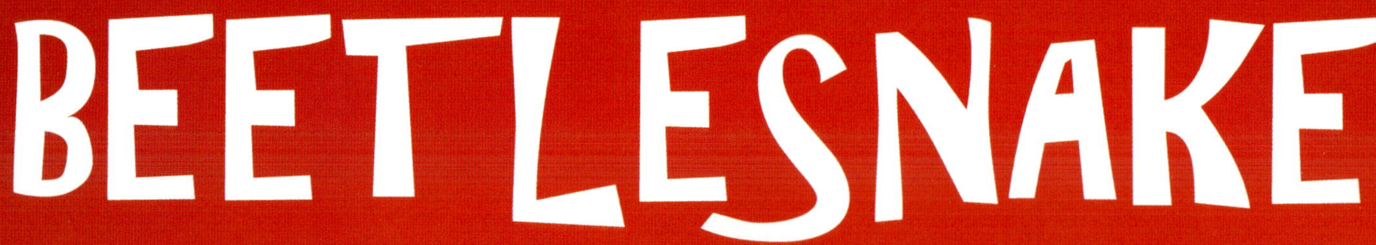

Metall-Modellauto im Reptiliendesign von Jürgen Grabowsky

Auch die Gestaltung dieses VW-Beetle-Modells lebt zunächst von einfacher Schablonentechnik, effektvoll eingesetzt mit schwarzer, Metallic- und transparenter Farbe. Beim Schlangenkopf geht es dann an feine Details. Doch auch hier hilft eine selbstgedruckte und zurechtgeschnittene Schablone aus Papier, das Motiv auf das Fahrzeug zu bringen.

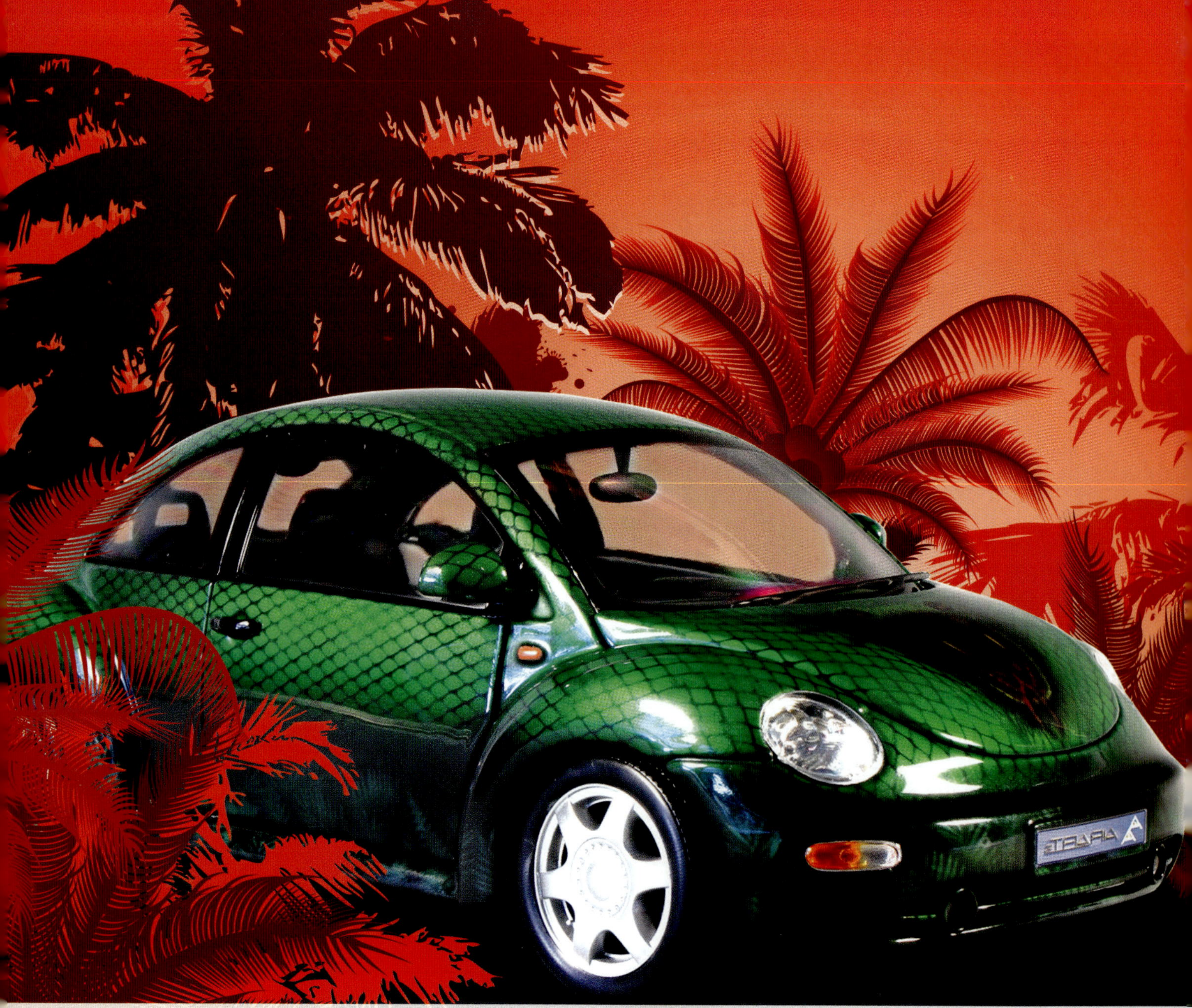

// GRUNDAUSSTATTUNG // Beetlesnake

Airbrush: Rotring und Evolution (verschiedene Modelle)

Farben: schwarzer Basislack, goldene Metallicfarbe, transparentes Grün, Dunkelgrün, Rot, Klarlack (von Schmincke, Medea und House of Kolor)

Untergrund: VW New Beetle Metallmodell von der Firma Maisto, M 1:18

Materialien: 1200er Nassschleifpapier, Klebeband, Schaumstoffklotz, Doppelklebeband, Verpackungsmaterial als Schablone, kleine Feile, Sprühkleber, schwarzer und weißer Polychromos-Stift, Pflanzenbausatz

Schritt 1: Vorbereitung und Grundierung

Ich möchte die gesamte Karosserie des Beetles mit einer Struktur, ähnlich einer Schlangenhaut, in einem metallischen Grünton bemalen. Das funktioniert am besten auf einem schwarzen Untergrund. Daher beginne ich im ersten Schritt mit der Grundierung des Modells. Zuerst zerlege ich den Beetle in seine Einzelteile. Die Motorhaube und die Heckklappe konnte ich nicht abbauen. Für die Farbaufträge ist das nicht so schön, aber durch leichtes Aufstellen der beiden Klappen können alle Flächen mit Farbe versehen werden. Die Türen habe ich erst ausgebaut und anschließend für die weiteren Arbeiten mit Klebeband fixiert. Alle Teile habe ich mit 1200er Nassschleifpapier bearbeitet und sie hinterher mit einer Schicht Basislack schwarz grundiert.

Schritt 2: Strukturschablone und Modell fixieren

Da ich nicht die gesamte Struktur Schuppe für Schuppe einzeln ausarbeiten möchte, verwende ich eine Schablone. Bei dieser Schablone handelt es sich um ein altes Stück Verpackungsmaterial aus Kunststoff, das durch leichtes Ziehen etwas in der Form verändert werden kann. Es ist immer gut, die verschiedensten Materialien aufzuheben. Ich habe bereits ein ganzes Sammelsurium an Verpackungsmaterialien, die sich im Laufe der Zeit angehäuft haben. Dadurch stehen mir die unterschiedlichsten Schablonen für meine Projekte zur Verfügung. Um die Karosserie besser positionieren zu können, befestige ich im Innenraum einen Schaumstoffklotz mit Doppelklebeband. So kann ich den Beetle bei der Arbeit auch etwas schräg stellen ohne ihn festhalten zu müssen. Die Schablone fixiere ich mit zwei Zahnstochern, die ich in den Schaumstoffklotz stecke, und einem Stück Klebeband.

Schritt 3: Goldene Struktur

Im nächsten Schritt sprühe ich eine goldene Metallicfarbe auf die Schablone. Ich verwende hierfür eine sehr dünnflüssige Farbe, die keine sichtbaren Körnungen aufweist, wie es bei Metallicfarben eigentlich üblich ist. Da meine Schablone nicht groß genug ist, um die gesamte Fläche zu bedecken, muss ich sie mehrmals versetzt auflegen. Wenn man sorgfältig arbeitet, treten nur kleine Unregelmäßigkeiten in den Überlappungen der Farbaufträge auf, die nicht weiter stören. So entsteht nach und nach auf der gesamten Fläche eine rautenähnliche Struktur. Den unteren Bereich der Karosserie sprühe ich anschließend erneut mit schwarzer Farbe über mit einem leichten Verlauf nach oben. Diese Fläche fülle ich später mit ein paar Blättern und Gräsern.

Schritt 4: VW-Zeichen demontieren und ausbessern

Mich stört das VW-Zeichen auf der Motorhaube, da ich dort einen Schlangenkopf aufmalen möchte. Das Zeichen nimmt zu viel Malfläche weg, daher entferne ich es in diesem Schritt. Für die Grundierung hatte ich das VW-Zeichen abmontiert, um aber die runde Fläche auf der Motorhaube ebenmäßig zu beseitigen, klebe ich es zuerst einmal mit Sekundenkleber wieder an seinen Platz. Die Randbereiche fülle ich ebenfalls mit Sekundenkleber auf. Wenn Sie eine größere Menge Sekundenkleber benutzen, braucht dieser einige Stunden zur Trocknung. Danach ist die Klebestelle aber so hart, dass sie übergeschliffen werden kann. Sekundenkleber ist meiner Ansicht nach für solch kleine Stellen besser geeignet als Spachtelmasse, da die Reparaturflächen später beim Lackieren nicht mehr einfallen.

Schritt 5: Motiv-Fläche schaffen

Wenn nun alles gut getrocknet ist, schleife ich die Fläche mit einer kleinen Feile und Schleifpapier wieder glatt und lackiere sie erneut mit Schwarz und Gold. Die goldene Fläche dient dann als Grundfläche für den Schlangenkopf.

Schritt 6: Schlangenkopf-Schablone befestigen

Als Nächstes erstelle ich eine Motivvorlage für den Schlangenkopf. Ich suche mir am PC ein passendes Bild und drucke es in der richtigen Größe aus. Anschließend schneide ich den Schlangenkopf aus und erhalte so eine geeignete Papierschablone. Den Kopf platziere ich auf der Motorhaube. Damit das Stück Papier nicht herunterrutscht, muss es befestigt werden. Wenn ich es selber festhalte, ist mein Finger im Weg und ein Magnet kommt auch nicht in Frage, da die Karosserie aus Zinkguss besteht. Daher wende ich in diesem Fall einen Trick an: Sprühen Sie ein bisschen Sprühkleber auf eine alte Zeitung und lassen Sie ihn etwas antrocknen. Dann drücken Sie die Rückseite der Papierschablone leicht auf die Klebestelle und ziehen diese sogleich wieder ab. Den Kleber auf dem Papier lassen Sie dann fast vollständig antrocknen; so entsteht ein gummiartiger Film, der das leichte Anheften auf der Motorhaube ermöglicht und sich ohne Rückstände wieder entfernen lässt.

Schritt 7: Kontur sprühen

Da die Malfläche rund um den Schlangenkopf keine Struktur mehr hat, muss ich diese wieder herstellen. Mit schwarzer Farbe sprühe ich daher entlang der Papiermaske einen weichen, schwarzen Rand von ca. 1 cm Breite.

Schritt 8: Struktur ergänzen

Mit Hilfe meiner Schablone aus dem Verpackungsmaterial und goldener Farbe ergänze ich nun die Rautenstruktur. Dabei ziehe ich etwas an der Schablone und ändere so die Rautengröße. Zum Kopf hin lasse ich die Struktur etwas enger werden. Es wirkt dann so, als würde sich die Oberfläche nach innen bewegen. Mit verdünnter schwarzer Farbe lege ich danach unter dem Kopf, speziell unter dem Unterkiefer, einen kleinen Schatten an. Dann entferne ich die Papierschablone wieder und die Grundfläche des Schlangenkopfes ist sehr gut zu erkennen.

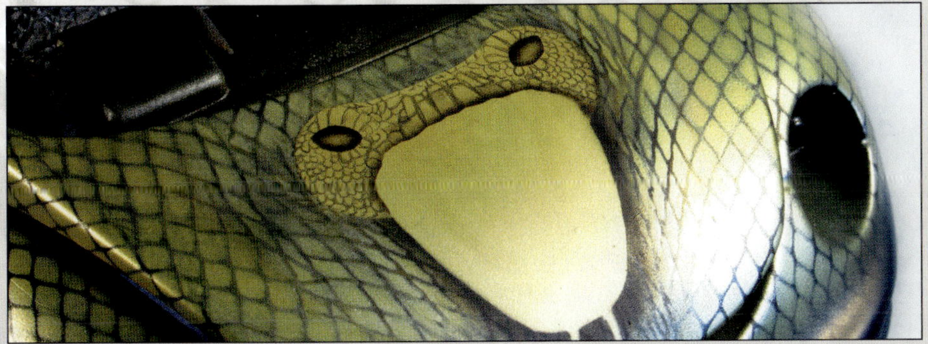

Schritt 9: Augen- und Kieferform

In diesem Schritt folgt die eigentliche Gestaltung des Schlangenkopfes mit Hilfe der ausgedruckten Papiermaske. Zuerst schneide ich vorsichtig die Augen aus und trenne Ober- und Unterkiefer. Ich lege den oberen Teil der Papierschablone auf und sprühe vorsichtig mit verdünnter schwarzer Farbe darüber. So kann ich sicher sein, dass die Augen an der richtigen Stelle sitzen. Hinterher lege ich das andere Maskenteil auf und sprühe über die obere Kante, dadurch erhalte ich einen kleinen Schatten im Oberkiefer. Ich benutze hier dieselbe Papierschablone wie vorher. Durch den getrockneten Sprühkleber haben die einzelnen Teile immer noch genug Haftung, um sie problemlos positionieren zu können. Mit einem spitzen, schwarzen Polychromos-Stift gebe ich dem Oberkiefer dann schon mal ein wenig Struktur.

Schritt 10: Maul gestalten

Als Nächstes habe ich die Giftzähne am unteren Maskenteil ausgeschnitten und am oberen mit kleinen Stücken Klebeband angebracht. Dieses obere Maskenteil habe ich wieder auf der Motorhaube befestigt. Nun kann ich mich dem Unterkiefer widmen. Mit der schwarzen Farbe sprühe ich die Schattenflächen im Maul der Schlange. Dabei nehme ich keine Rücksicht auf die Zunge, da sie im oberen Bereich des Mauls im Schatten liegt und ebenfalls schwarz ist. Ich füge sie erst später hinzu.

Schritt 11: Transparentes Grün

Jetzt sprühe ich endlich etwas grüne Farbe auf die Karosserie. Ich wähle einen transparenten Farbton, so dass die Untergrundstruktur gut zur Geltung kommt. An dieser Stelle bekommt man schon einen guten Eindruck vom späteren Gesamtbild. Ich arbeite den Rand des Schlangenkopfes noch mit verdünnter schwarzer Farbe nach, dadurch erreiche ich eine stärkere Tiefenwirkung. An den oberen, seitlichen Bereichen des Kopfes füge ich noch ein paar Schatten ein, die das Emporkommen des Kopfes verstärken.

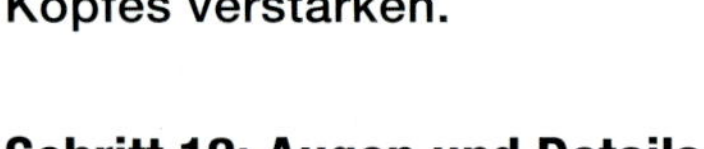

Schritt 12: Augen und Details

Durch das Übersprühen mit der grünen Farbe habe ich auch die Augen mit eingefärbt. Da die Augen aber golden sein sollen, lege ich die obere Papiermaske erneut auf und färbe die Augen vorsichtig mit der goldenen Metallicfarbe ein.

Den Rachenraum arbeite ich mit roter Farbe freihand aus. Jetzt füge ich auch die Zunge hinzu. Ich schneide aus dem unteren Papierstück eine separate Maske für die Zunge heraus und gehe dann wie gehabt vor. Mit schwarzen Schatten verfeinere ich das Aussehen im Inneren des Schlangenmauls.

Schritt 13: Letze Schlangendetails

Nun bekommen die Augen ihr endgültiges Aussehen. Ich schattiere die Augenränder mit schwarzer Farbe und arbeite auch die Pupillen ein. Die Zähne im Unterkiefer male ich mit einem weißen Stift. Damit ist die Karosserie im oberen Bereich fertig. Es fehlt nur noch die Gestaltung auf dem unteren, schwarzen Bereich an den Karosserie-Seiten.

Schritt 14: Blätter und Gräser

Auf dieser Fläche möchte ich ein paar farblich passende Blätter und Gräser andeuten. Dazu lege ich zuerst mit der Goldfarbe einige unregelmäßige Flächen an.

Schritt 15: Pflanzenbausatz als Schablonen

Ich verwende die Teile von einem Pflanzenbausatz als Schablonen. Die verschiedenen Einzelteile sind aus Messing und daher recht unempfindlich und gut zu reinigen.

Mit einer Pinzette halte ich die verschiedenen Pflanzenteile an die Karosserie und sprühe mit schwarzer Farbe darüber. Ich variiere die Abstände zwischen den Pflanzenschablonen und der Karosserie. So entstehen einige unscharfe Konturen, wodurch ich eine Tiefenwirkung erzeuge. Auf diese Weise fertige ich den gesamten unteren Bereich an.

Schritt 16: Dunkelgrüner Abschluss

Über die Pflanzenfläche sprühe ich abschließend grüne Farbe. Diese wähle ich einen Hauch dunkler als das vorherige Grün. Der dunkle untere Rand soll ja als Abschluss dienen und nicht dominieren. Zu guter Letzt mische ich noch einen Klarlack an und trage ihn auf.

Schritt 17: Lackieren und Polieren

Nach dem Trocknen habe ich die Lackflächen noch einmal geschliffen und poliert. Dann folgt natürlich noch der Zusammenbau und fertig ist der Beetlesnake.

'66 MUSTANG GT

Lexan-RC-Car von Mark R. Wierzbicki

Transparente Lexankarosserien gehören zu den größten Herausforderungen beim Bemalen von Modellen. Damit die Lackierung immer gut geschützt bleibt, werden sie von innen bemalt. Dies macht ein komplettes Umdenken bei der Planung der einzelnen Farb- und Motivschichten unausweichlich, gerade wenn auch noch mit transparenten und Effektfarben gearbeitet wird, wie im Falle des Mustang GT. Die mühevolle Arbeit wird jedoch mit einem grandiosen Ergebnis belohnt.

// GRUNDAUSSTATTUNG // ´66 MUSTANG GT

Airbrushes: Iwata Custom TH, Iwata Eclipse HP-CS, Badger 105 mit großer Düse

Farben: Candy2O: 4650 Blood Red, Createx AutoAir: 4202 Yellow, 4205 Orange, 4333 Metallic Gold, RC Car Colours Chrome, 4001 Sealer White, 4002 Sealer Black, 4030 Intercoat Clear, 4012 Reducer

Untergrund: 66' Mustang GT RC Modellauto von HPI

Weitere Materialien: Flammen-Maskierung, Pactra Racing Finish Gold Flake, Transfer Tape

Schritt 1: Vorbereitung

Ich habe einige Versuche benötigt, bis ich verstanden habe, die Farben mit der Maskierung zu benutzen, die für den RC-Modellbau typisch sind. Ich habe festgestellt, dass der Hauptteil gründlicher als üblich gereinigt werden muss und längere Zeit benötigt, um zu trocknen. Aber die zusätzlichen Anstrengungen sind es wert.

Ich habe damit begonnen, meinen Kompressor auf 35 psi bzw. 2,5 bar einzustellen. Es wird ein hoher Luftdruck benötigt, um zu brushen. Da die Farbe sehr intensiv ist, habe ich 10 Prozent vom 4030 Intercoat Clear und ausreichend 4012 Reducer hinzugefügt, so dass ich gut brushen kann.

Nachdem ich den Hauptteil des Modellautos von innen gereinigt und mit warmen Wasser ausgewaschen habe, habe ich einen dünnen Marker benutzt, um die Fensterrahmen aufzumalen. Auf diese Weise kann ich die Fenster sehen. So kann ich mit dem Ausschneiden beginnen, sobald die Fenster abgeklebt sind. Das Klebeband ist von Tesa und kann im Baumarkt oder Haushaltswarenladen gekauft werden. Es klebt nicht allzu stark und hinterlässt keine Kleberückstände, nachdem es entfernt wurde.

Schritt 2: Maskierung der Flammen

Die Fenster und der Bereich um die Stoßstange werden maskiert, um die Flammen-Maskierung aufzubringen. Ich habe ein paar Positionierungs-Linien auf der Haube gezogen, die bei der Positionierung der Flammen helfen sollen. Das habe ich mit Transfer Tape gemacht.

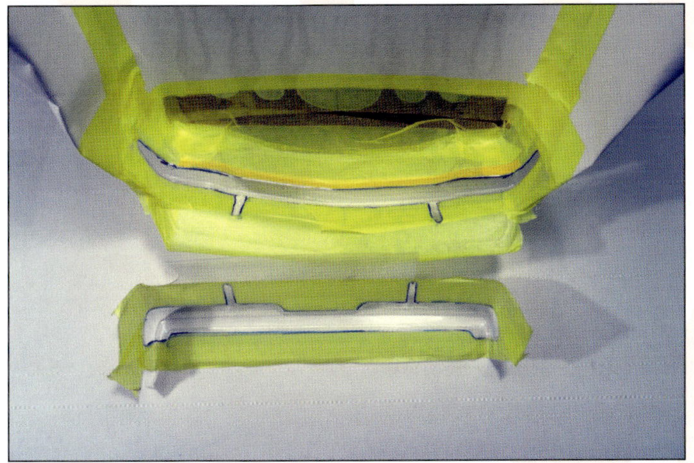

Schritt 3: Vorbereitung für die Stoßstange

Nachdem ich die Flammen-Maskierung auf der Motorhaube und an der Seite angebracht habe, habe ich auch die angrenzenden Bereiche abgeklebt und diese Maskierung mit den Flammen kombiniert. In diesem Schritt habe ich auch den unteren Bereich der Tür abgeklebt. Da ich als Erstes die Stoßstange brushen werde, decke ich alle Flächen, die nicht bemalt werden sollen, mit Papier ab – das geht viel schneller, als alles mit Transfer Tape abzukleben.

Schritt 4: Stoßstange brushen

Die Stoßstange habe ich mit meiner Eclipse in Chromfarben gebrusht. Während des Brushens musste ich sehr vorsichtig sein, weil die Stoßstange aus Chrom sehr dünn ist. Der Effekt funktioniert nur, wenn der Chromteil mit Schwarz unterstützt wird. Dafür habe ich einen schwarzen Sealer, den ich über die Chromfarbe sprühe.

Schritt 5: Rote Candy-Farbe in Schichten auftragen

Jetzt kann ich mich der roten Grundfarbe des Autos widmen. Dazu entferne ich zunächst die Papiermaskierung, lasse aber die abgeklebten Bereiche der Flammen und Fenster bedeckt. Nachdem ich auf mehreren Papieren probegesprüht habe, kam ich zu dem Entschluss, dass die Custom HP mit ihrem fächerartigen Auftrag die richtige Wahl für das Brushen der roten Candy-Farbe ist. Ich habe mit einer dünnen Schicht angefangen, die ich für ca. 10 Minuten trocknen ließ. Mit der zweiten Schicht habe ich dann ein bisschen mehr Farbe gebrusht und diese trocknen lassen. Sie sollten sicherstellen, dass die Farbe nicht zu klebrig ist. Für eine komplette Farbsättigung wird empfohlen, 4 bis 6 mittelstarke Schichten aufzutragen. Nachdem ich auf ein paar Übungsblätter gebrusht habe, fand ich die richtige Menge, mit der ich glücklich war.

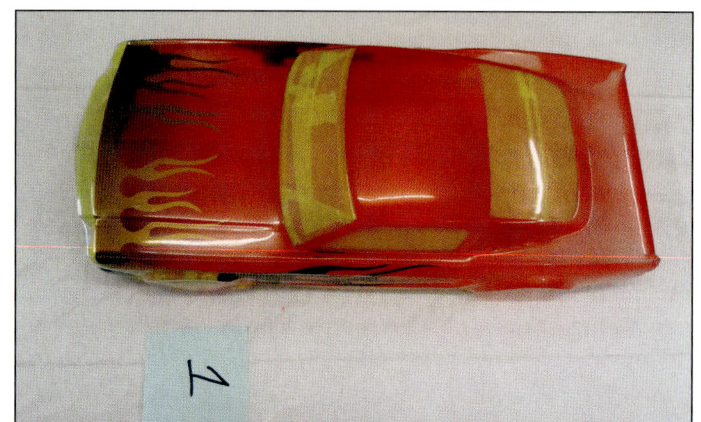

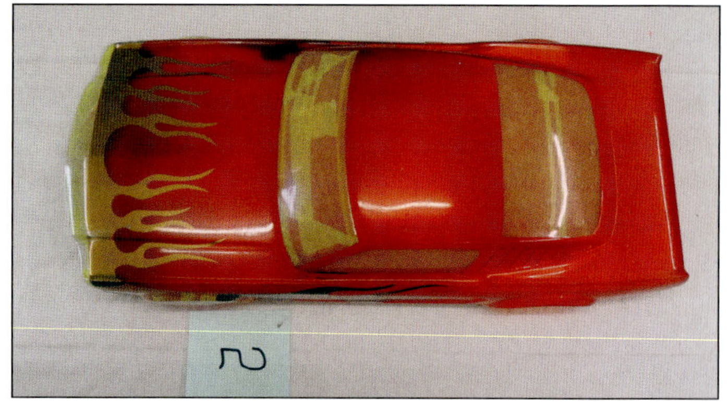

Schritt 6: Farbverläufe vermeiden

Für die dritte Schicht habe ich eine viel dickere Schicht aufgetragen bzw. einen „Wet Coat“. Dieser sollte klar erscheinen. Seien Sie jedoch vorsichtig, dass Sie nicht zu nass sprühen, um Farbverläufe zu vermeiden. Mir gefiel die Farbe auf dem Hauptteil und nachdem die Farbe getrocknet ist, habe ich eine Schicht 4030 Intercoat Clear aufgetragen und das Auto für 24 Stunden beiseitegelegt. Der Intercoat Clear ist wichtig, da er verhindert, dass die folgenden Farben in die Candy-Farben verlaufen.

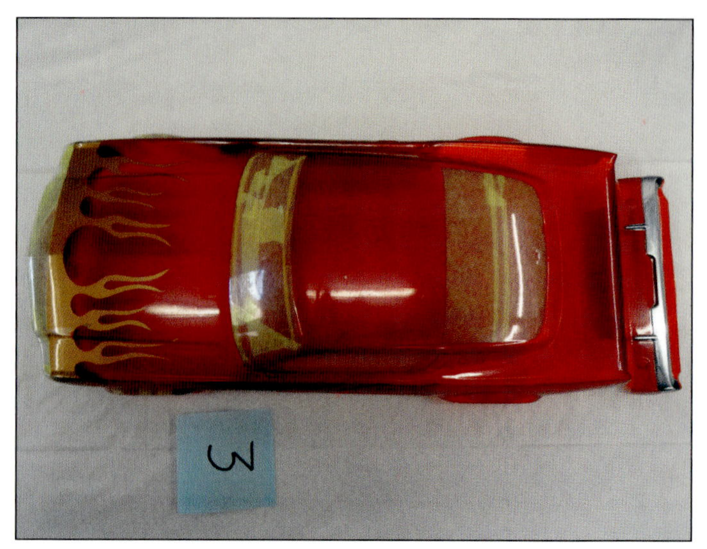

Schritt 7: Schattierungen

Um die Flammen habe ich verdünnten Sealer in Schwarz aufgesprüht, um ihnen Schatteneffekte zu verleihen. Ich habe den Sealer erst aufgetragen, nachdem ich die Candy-Farbe gebrusht habe. Da die Candy-Farbe sehr transparent und heller ist als das Schwarz, schimmert das Schwarz hindurch. Auf diese Weise erscheinen die Schatteneffekte weicher und stechen nicht zu stark hervor.

Schritt 8: Goldeffekte

Nachdem das erledigt war, habe ich die Badger 105 benutzt, um ein paar Schichten des Pactra Gold Flake aufzutragen. Das hatte ich noch aus alten Tagen übrig. Pactra Gold Flake gibt es nicht mehr im Handel. Ich liebe die Effekte, die ich damit erzielen kann. Alternativ kann Createx 4503 Hot Rod Gold benutzt werden. Die 105 mit ihrer langen Spitze und ihrem hohen Luftdruck eignet sich ideal, um dicke Flocken zu brushen.

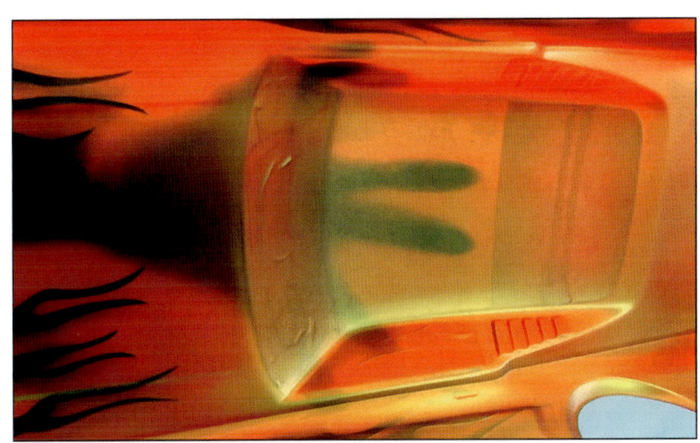

Schritt 9: Dünne Farbschichten

Bevor ich das Metallic-Gold gebrushe, entferne ich die Maskierfolie von den Türrahmen. Sie sollen goldfarben werden. Ich sprühe das Gold jedoch auch auf den übrigen Teil der Karosserie, da es dem Candy-Rot einen leichten Goldschimmer verleiht. Ich habe 2 bis 3 Schichten Gold gebrusht. Auf dem Bild können Sie erkennen, wie durchsichtig die Farbe ist. Vergessen Sie nicht, dass sich das Modellauto noch biegen kann. Wenn die Farben dünn aufgetragen werden, kann sich das Auto noch biegen, ohne dass die Farben abblättern. Wie das Chrom wurde auch das Gold anschließend mit schwarzem Sealer unterstützt.

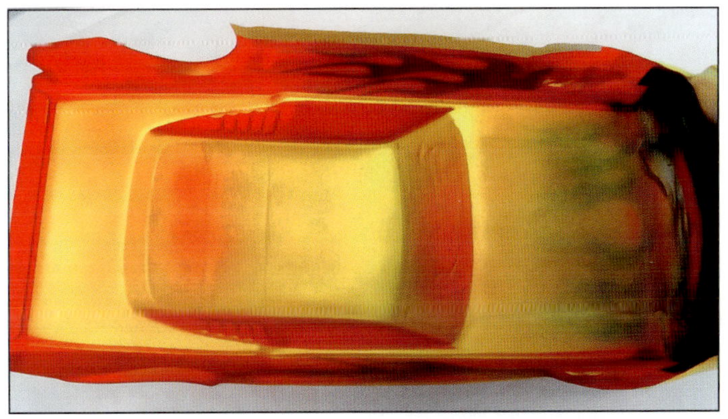

Schritt 10: Entfernen der Maskierung

Das sieht schon mal nicht schlecht aus. Bis jetzt sind immer noch die Flammen maskiert. Das soll sich nun ändern. Mir ist aber aufgefallen, dass die Farben elastisch bleiben, was beim Lösen der Maskierung zu Problemen führen kann. Nach mehreren Testdurchläufen fand ich heraus, dass es am besten ist, an der Maskierung vorsichtig mit einem Messer entlang zu schneiden. Ansonsten wird die Maskierung Farbe mit abziehen und so das ganze Projekt zerstören. Die Candy-Farben gehören zu den einzigen Autoair-Farben, mit denen ich dieses Problem hatte.

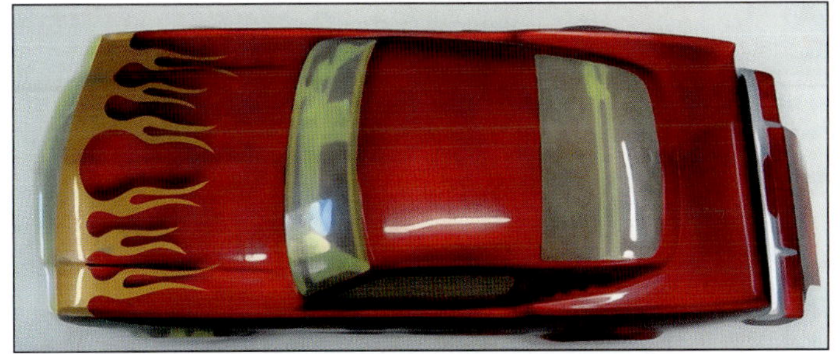

Schritt 11: Farbe für die Flammen

Nach dem Entfernen der Maskierung habe ich einen Zahnstocher benutzt, um die Klebereste zu beseitigen. Danach habe ich im Bereich der Flammen zuerst Orange mit meiner Eclipse aufgetragen. Auf Orange folgte anschließend Gelb.

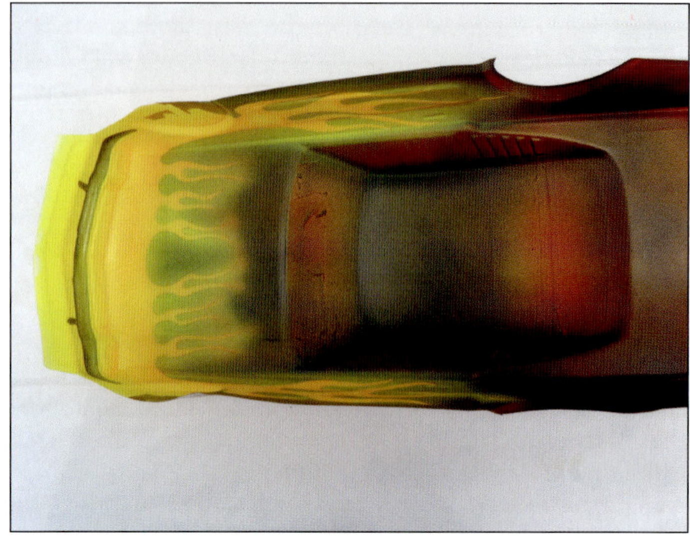

Schritt 12: Weißer Sealer zum Abschluss

Ich versuche, nur auf dem Bereich zu brushen, der Farbe abbekommen soll – auf diese Weise wird das Gewicht des Fahrzeugs weniger beeinflusst. Danach habe ich das Modellauto mit weißem Sealer fertiggestellt. Dies unterstützt insgesamt die Leuchtkraft der Farben und sorgt im Inneren der Karosse für einen sauberen Abschluss. Um die Maskierung an den Fenstern sauber zu entfernen, habe ich sie angeschnitten und dann vorsichtig abgezogen.

Schritt 13: Spoiler

Ich war anfangs unschlüssig, ob ich den vorderen Spoiler auch brushen sollte. Gelb angestrichen sah er nicht gut aus, also habe ich einen der Sticker aufgeklebt, der mit dabei war. Ich weiß. Mein Fehler.

Schritt 14: Aufkleber

Um den Look des Modellautos noch zu verbessern, habe ich alle Aufkleber entlang der Druckkante ausgeschnitten, um den transparenten Folienteil zu entfernen. Die Sticker für die Fenster wurden erst platziert und dann ausgeschnitten. Auf diese Weise war es einfacher, sie zu positionieren.

Ich habe fast genauso lange gebraucht, die Sticker zurechtzuschneiden und zu positionieren wie für das Brushen des Modellautos. Dieses Projekt hat mich mehr Zeit und Anstrengungen gekostet, als geplant war. Das Resultat gefällt mir aber viel besser, als anfangs gedacht.

Schritt 15: Das fertige Kunstwerk

Hier sehen Sie das fertige Modell in seinem neuen Hot Rod Candy Look.

Bemalung eines Ford Mustang Modells aus LEGO® von Marc de Bruijne

Für Millionen Kinder weltweit ist LEGO® wahrscheinlich die erste Begegnung mit dem Thema Modellbau. Bei vielen bleibt die Begeisterung für die bunten Bausteine bis ins hohe Alter bestehen. Es gibt inzwischen zahlreiche LEGO® Modellbauvereinigungen und Spezial-Anbieter von Steinen und Zubehör, doch dass LEGO® Bauwerke auch bemalt werden können, ist eher noch unbekannt. Aber warum eigentlich nicht? Dass dies sehr gut möglich ist, zeigt dieser Ford Mustang im Steampunk-Look.

// GRUNDAUSSTATTUNG //
Steampunk meets LEGO®

Airbrush: Harder & Steenbeck Infinity

Farben: Schmincke Aero Color: Schwarz, Brasil-Braun, Weiß, Gelb, Indisch-Gelb, Neutral-Grau, Rostbraun, Dunkelbraun, Cyan, Candy Farben

Weitere Materialien: Sketchbook, 3M Linier-Tape, Knet-Radierer, Sekundenkleber, Schleifpapier, Silikonentferner, Schablonen, destilliertes Wasser, Borstenpinsel, feiner Pinsel

Untergrund: LEGO® Auto-Modell Ford Mustang

Modellbau: Kerstin Walker

Schritt 1: Das LEGO® Modell

Bevor es an die eigentliche Gestaltung geht, überlegte ich mir eine passende Motividee. Der erste Gedanke führt mich, warum auch immer, zu dem als Zeitmaschine umgebauten DeLorean DMC-12 aus der bekannten Film-Trilogie „Zurück in die Zukunft". Das Konzept geht aber wegen der zahlreichen Anbauteile, welche dabei entscheidend für das Design sind, nicht auf. Ich halte jedoch den Gedanken an futuristischen Antrieb und sichtbare technische Elemente erst einmal fest. Zudem soll es dem legendären Original 67 Ford Mustang GT gerecht werden und mir kommt die Idee, das Auto gestalterisch zu teilen. Auf der einen Seite soll der beliebte Klassiker mit seiner blauen Lackierung sofort erkannt werden, die andere Seite des Autos soll so unerwartet und kontrastreich wie möglich gestaltet werden. Mir kommt ein Bericht aus dem Airbrush Step by Step Magazin in den Sinn über einen VW Käfer, der zu einem Steampunk-Fahrzeug umgestaltet wurde. So entsteht die Idee, dass man an einigen Stellen in das Auto schauen kann. Der Steampunk, mechanische Teile wie Getriebe und Fusionsantrieb, sind meine Wahl für die andere Seite.

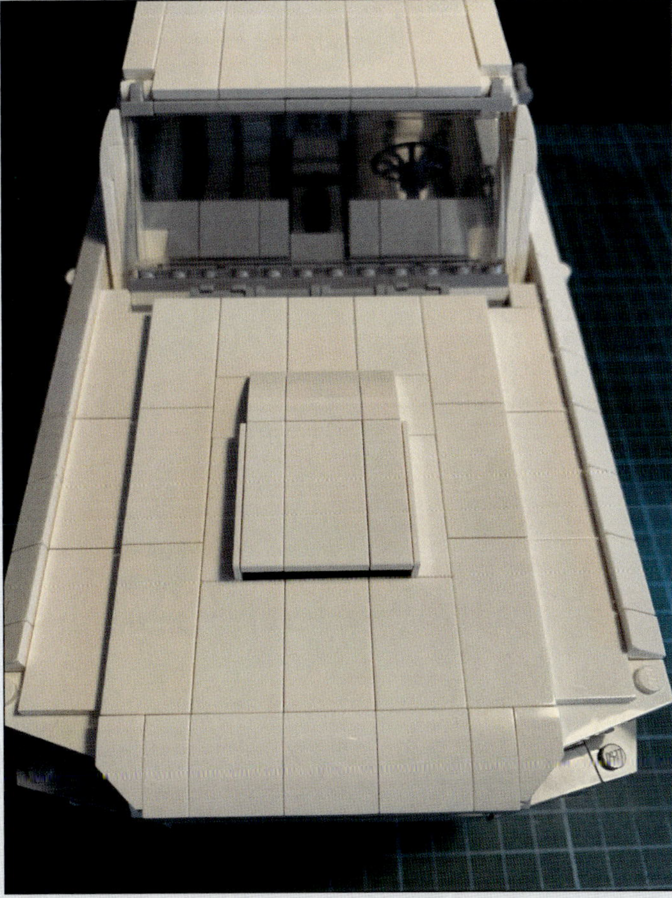

Schritt 2: Transportsicherung

Zu Beginn wird das Modell so präpariert, dass es Transporte für Messen und Ausstellungen schadlos übersteht und nicht gleich in einzelne Teile zerbricht. Dazu zerlege ich die meisten Teile und verklebe sie Stück für Stück mit Sekundenklebergel. Insgesamt habe ich dabei fünf Tuben mit jeweils 3 Gramm verarbeitet. Damit die beweglichen Teile wie Türen, Motorhaube und Kofferraum auch später noch geöffnet werden können, ist dabei größte Sorgfalt angebracht. Jeder noch so kleine Tropfen vom Kleber an der falschen Stelle kann verheerend sein. Zumal ein wieder Auseinanderbauen schlicht unmöglich ist. Da ist es gut, die einen oder anderen Steine auf „Lager" zu haben. Ich entschließe mich während dieses Prozesses dazu, die Frontscheibe und das Dach separat zu lassen, damit ich beim Gestalten leichter bis in die kritischen Ecken und Kanten arbeiten kann.

Schritt 3: Fertig zum Bemalen

Beharrlichkeit zahlt sich dann aber auch aus. Hier seht ihr das fertig verklebte Modell, welches ich nun weiter vorbehandeln werde.

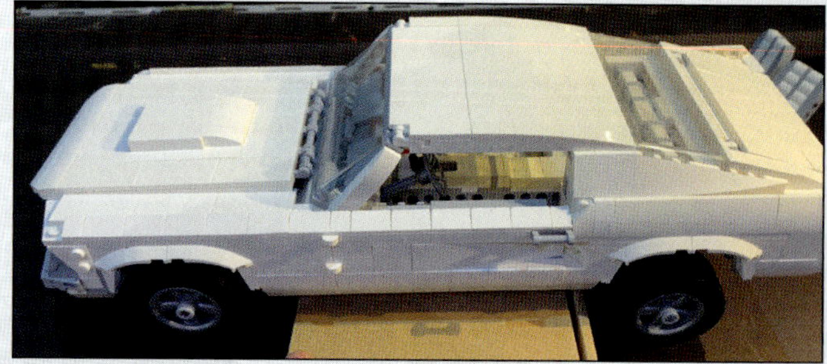

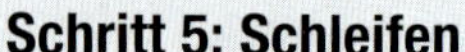

Schritt 4: Heckleuchten abkleben

Es werden alle Anbauteile wie Leuchten und Nummernschilder separat bearbeitet, um die Gestaltung der Karosserie an einem Stück durchführen zu können. Die einzige Ausnahme stellen die im Heck integrierten Schlussleuchten dar. Diese klebe ich sorgfältig mit auf Maß zugeschnittenem 3M Linier-Tape ab.

Schritt 5: Schleifen

Der Wagen kann nun durch seine Verklebung alle weiteren Schritte, ähnlich wie eine klassische Custom-Painting-Arbeit auch, durchlaufen. Um die Haftungsbedingungen zu verbessern, schleife ich jede erreichbare Fläche mit feinem Nass-Schleifpapier. Ich arbeite jedoch trocken, um kein Wasser ins Modell dringen zu lassen.

Schritt 6: Entfetten
Die Oberflächen werden von mir mit Silikonentferner entfettet und getrocknet.

Schritt 7: Abkleben
Mit dem Tape maskiere ich alle Teile, welche unlackiert bleiben sollen, u.a. der Innenraum und die Radaufhängung

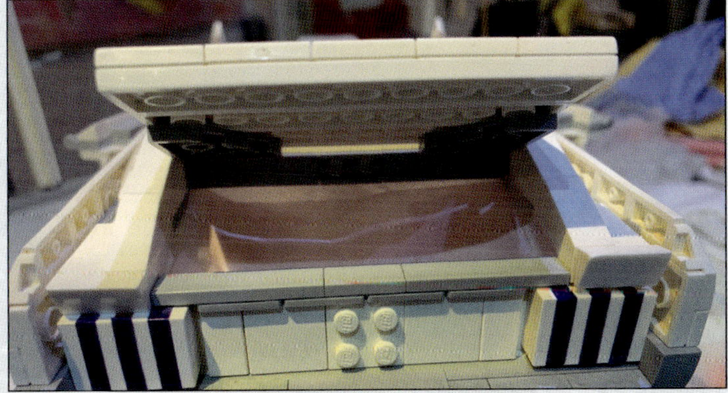

Schritt 8: Schwarze Grundierung
Jetzt grundiere ich das Modell mit Schwarz. Um für den Fusionsantrieb genügend Gestaltungsfläche zu haben, grundiere ich auch die Heckscheibe.

Schritt 9: Schablonen-Auswahl
Für die Umsetzung der Zahnräder und Getriebeteile erstelle ich mir eine Schablonen-Auswahl an Gewinde und Schrauben sowie Zahnrädern und weiteren Formen, um flexibel zu arbeiten.

Schritt 10: Testlauf mit Dummy

Da ich mir, was die Haftung auf der teilweise sehr glatten Kunststoffoberfläche angeht, nicht sicher bin, fertige ich zusätzlich einen LEGO Dummy an, um daran zu testen. Noch bevor es am richtigen Modell umgesetzt wird, erspare ich mir einige Überraschungen während des weiteren Verlaufes. Dabei teste ich auch die beste Reihenfolge der einzelnen Ebenen von Zahnrädern. Zuerst arbeite ich auf Papier und dem LEGO Dummy, um die richtige Herangehensweise direkt am Auto umsetzen zu können.

Schritt 11: Sketchbook

Für die Reihenfolge der Autogestaltung verwendete ich mein Sketchbook. Ein weiterer Vorteil ergibt sich dabei, mit den passenden Farben auf dem Dummy zu experimentieren. So finde ich die richtigen Farbkontraste heraus, damit die Zahnräder optisch leicht zu unterscheiden sind. Ich stelle mit variablen Anteilen von Farbe, destilliertem Wasser und Medium eine optimale Viskosität ein. Auch kann ich so den passenden Luftdruck ermitteln, der je nach aktuellen Ansprüchen variiert.

Schritt 12: Motorhaube

Ich platziere mir die erste und damit unterste Schablonen-Ebene mit Tape an der Motorhaube. Mit etwa 10:1 verdünntem Ultra-Weiß deckend und Schwarz lege ich die Zahnräder und Träger-Konstruktion sehr deckend und hell an. So baue ich von Beginn an den Kontrast ins Innere der Karosserie auf. Mit stark verdünntem Neutral-Grau lege ich vorsichtig und mit geringem Luftdruck die Schatten an. Um nun noch für einen passenden Lichteinfall zu sorgen, neble ich behutsam mit etwas deckendem Weiß die Kanten mit gleicher Ausrichtung an.

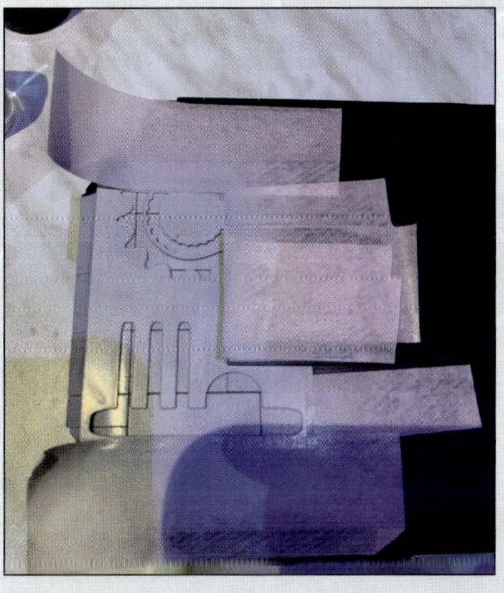

Schritt 13: Tiefenwirkung erzeugen

In gleicher Arbeitsweise setze ich die weiteren Ebenen-Schablonen auf: Die zweite Ebene mit den Mischungen in Indisch-Gelb, mit Brasil-Braun für die Schattierung und Zugabe von 1:1 destilliertem Wasser und Medium, um die Haftung zu verbessern. Immer wieder lege ich auch einzelne Zahnräder auf und sprühe mit Schwarz und sehr geringem Luftdruck die dunklen Bereiche mit Tiefenwirkung, um sie zu schärfen.

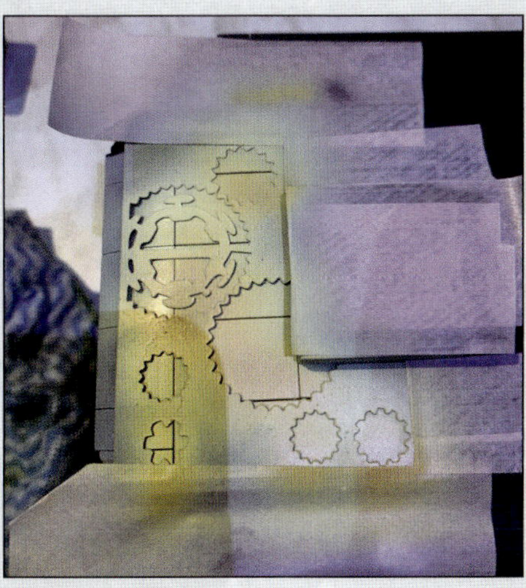

Schritt 14: Zusätzlicher Farbkontrast

ch lege auf die oberste Bolzen-Ebene mit stark verdünntem Basis Yellow und Weiß eine dünne Schicht. Auch gewisse Bereiche der untersten Ebene bekommen von mir sehr vorsichtig diese Mischung, um die Einzelteile nun zusammenzuführen. Dass sich dabei eine grünliche Farbverschiebung, bedingt durch den Blaustich im Weiß und das Neutralgrau ergibt, stört mich nicht. So entsteht ein zusätzlicher Farbkontrast zu der warm braunen Steampunk-Oberfläche. Um nun noch etwas metallische Struktur und Verschmutzung zu erreichen, arbeite ich mit einem kleinen Stück Schwamm und dem Grau aus Ebene eins ein.

Schritt 15: Der Rahmen

Da es sich bei dieser Gestaltung im Steampunk-Look um alte und grobe Mechanik handelt, möchte ich den Eindruck von rostigen, geschmiedeten und genieteten Stahlplatten am Rahmen erwecken. Dazu klebe ich mit Tape sehr präzise Ränder rund um den Ausschnitt auf. Eine zurechtgeschnittene Schablone schützt dabei die Getriebeelemente.

Die zuvor angemischten Farben arbeite ich nun vorsichtig, in wechselnder Weise und untereinander gemischt, mit einem fast trockenen, groben Borstenpinsel und Schwämmchen auf. Durch die Zugabe von Dunkelbraun schaffe ich tiefe Furchen und Kanten, um auch hier Struktur zu erzielen. Dabei achte ich sehr auf die Kanten der Kühleröffnung.

Schritt 16: Die linke Fahrzeugseite

Das Auto soll ein bisschen so aussehen, als wäre es mit diversen alten Fremdteilen und Komponenten zusammengebaut worden. Einige Schablonen-Varianten von länglichen perspektivischen Gewindeschrauben und Muttern vermitteln zusätzlich den Eindruck von räumlicher Tiefe.

Ich lege die Bauteile in gleicher Arbeitsweise wie die Motorhaube an. Um später noch Spielraum für die farbliche Gestaltung zu erhalten, bleibt es vorerst bei einer schwachen gelblichen Mittel-Ebene. Die anderen Getriebeteile verbleiben in hellem Grau.

Schritt 17: Lüftungsschlitze

Die Lüftungsschlitze in der C-Säule lege ich mit einer dafür gestalteten Schablone an. Mit hellem deckenden Grau und ein wenig Abstand werden so die Lamellen und deren Schlitze plastisch aufgebaut. Die Gestaltung des Fusionsantrieb und dem Schlauch in Richtung Lüftungsschlitze lege ich ebenfalls mit an.

Schritt 18: Technische Elemente

Die gesamte Steampunk-Fahrzeugseite soll auch eine Rahmung aus rostigen, dicken Stahlplatten erhalten. Dazu klebe und bearbeite ich wie an der Motorhaube die Außenkanten des Rahmens und maskiere die Innenfläche des Getriebekastens in der Tür. Nun wird auch die restliche Seite des Fahrzeuges in Rostbraun angelegt. Dazu sprühe ich unregelmäßig mehrere Schichten recht grob und mit verschiedenen Braunmischungen über die gesamten Flächen. Durch Sprenkler mit Airbrush und geringem Luftdruck und mit Schwamm arbeite ich die Roststruktur auf.

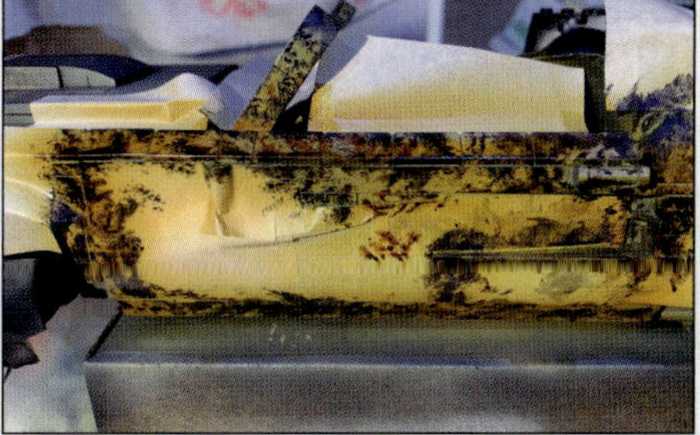

Schritt 19: Die Energie-Antriebs-Einheit

Als Orientierung scheinen die zu Beginn angelegten Konturen genügend durch die braune Farbschicht. Mit verdünntem Weiß und Schwarz erzeuge ich mit losen Schablonen eine räumliche Optik in einen Kasten. Der Energieantrieb wird mittels Schablonen platziert. Mit Weiß arbeite ich bei geringem Abstand und Luftdruck Reflexionen der runden Behälter auf. Anschließend werden sie wieder maskiert. Im Anschluss kombiniere ich spontan die vorhandenen Schablonen, um die Elemente im Heck zu realisieren.

Schritt 20: Candy-Farbgebung

Für die grüne Farbstimmung fülle ich 1:1 einige Tropfen Candy Blue und Yellow in meine Airbrush. Dann kommt die Wasser-Medium-Mischung hinzu, bis die Konsistenz ein feines, sehr dünnes Arbeiten ermöglicht. Nun tropfe ich zwischendurch ausschließlich Yellow hinzu, mit steigendem Weißanteil. Auf diese Weise wird eine Lochblech-Ebene unterhalb der Druckbehälter erzeugt. Die Rillen des Schlauches werden durch die hellste Farbmischung zum Glühen gebracht. Die letzten Candy Schichten werden ohne Weiß aufgetragen, um die Leuchtkraft zu maximieren.

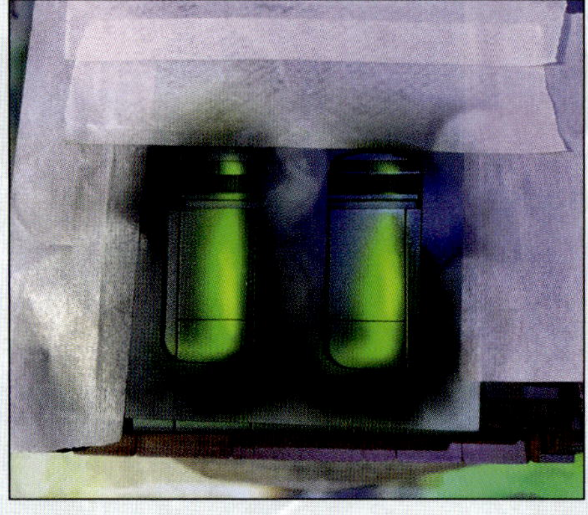

Schritt 21: Die Schlauchleitung

Die knubblige Form der Schlauchleitung lege ich vorsichtig per Schablone an. Danach arbeite ich mit einem feinen Pinsel und kleinem Schwamm die einzelnen Rundungen und Struktur ein. Durch Maskieren und mit stark verdünntem Neutral-Grau wird der Schatten unterhalb des Schlauches gesprüht. Man erkennt gut den Knet-Radierer, den ich zum Fixieren von kleinen Schablonen einsetze. Die gesamten Steampunk-Oberflächen werden in derselben Arbeitsweise wie die Getrieberahmen sehr grob gestaltet. Dabei arbeite ich auch mit gemischten Rot- und hellen Gelb-Tönen für Risskanten und abblätternde Rostschichten.

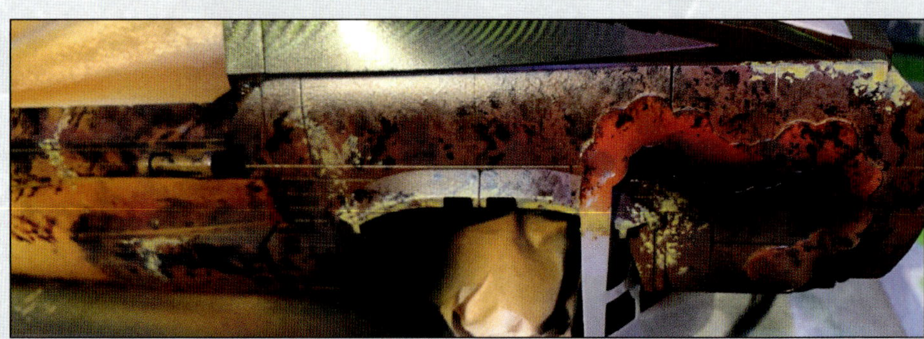

Schritt 22: Lüftungsschlitze für den Energieantrieb

Ich maskiere die Frontscheibe und setze das Dach auf. Mit der grauen Mischung wird wieder grundiert. Danach lege ich die unregelmäßige braune Rostfarbe darüber. Ähnlich wie an der C-Säule lege ich per lose Schablone und Pinsel die Lüftungsschlitze an und arbeite sie mit kleinem Rahmen mit Schatten aus. Durch die helle Grünmischung gehört sie optisch zum Antrieb dazu.

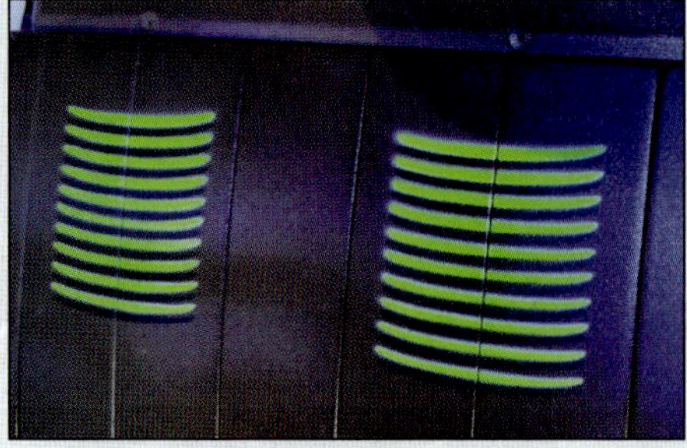

Schritt 23: Metallnieten

Die Nieten an den Verbindungen der einzelnen Stahlplatten lege ich mit einer geplotteten Lochstreifen-Schablone an. Auf diese Weise kann ich den Abstand der Nieten untereinander gut kontrollieren. Es bedarf etwas Geduld, einzelne Schatten mit verdünntem Schwarz und Highlights mit einem Weißen Punkt zu komplettieren. Ich setze bei diesem Arbeitsschritt ebenfalls die Schatten und Lichtkanten der übrigen Rahmen.

Schritt 24: Die Trennlinie zwischen den Hälften

Die genaue Trennlinie zwischen dem Steampunk und der normalen Autolackierung soll recht rissig und kaputt wirken. So bastele ich mir aus Zeichenpapier und Tape eine einfache Maskierung, welche ich über das komplette Auto befestigen kann. Die jeweiligen gerissenen Gegenstücke des Papiers verwende ich später für die zugehörigen Schatten.

Schritt 25: Farbspiele

Mit sehr hellem Grau wird großflächig und mit größerem Abstand die Seite eingefärbt. Dabei arbeite ich nun mit ganz stark verdünntem Brasil-Braun immer wieder Risse und Verformung mit ein. Mit verdünntem Weiß werden einige Kanten und Flächen betont.

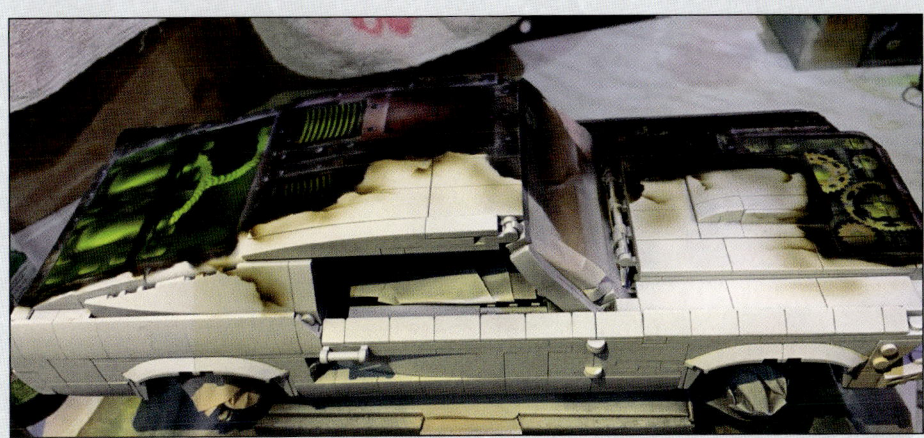

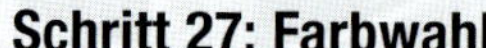

Schritt 26: Feine Pinsel-Korrekturen

Im Zuge der letzten Korrekturen werden die Bereiche, welche doch Overspray abbekommen haben, mit einem dünnen Pinsel vorsichtig nachgearbeitet.

Schritt 27: Farbwahl

Mein Konzept der bestmöglichen Hälften-Abgrenzung erfolgt auch bei der Farbwahl. So mische ich zu dem Weiß einen immer größeren Anteil Cyan dazu. Bevor es zu dunkel wird, lege ich mehrere Lagen mit Candy Sky Blue an, um bis zur reinen Lasur als Schlussschicht zu gelangen. Dabei führe ich die Airbrush im Kreuzgang mit einigem Abstand zum Modell.

Schritt 28: Logos und Rally Streifen

Natürlich dürfen die typischen Rennstreifen nicht fehlen. Die dünnen werden einfach mit Tape ausmaskiert und in mehreren Durchläufen mit Candy Smoke Black bis zum tiefsten Schwarz gebracht. Für den Schriftzug fertige ich mir eine Schablone an. Auch hier kommen auf dieser kritischen Größe winzige Krümel des Knetradierers zum Einsatz.

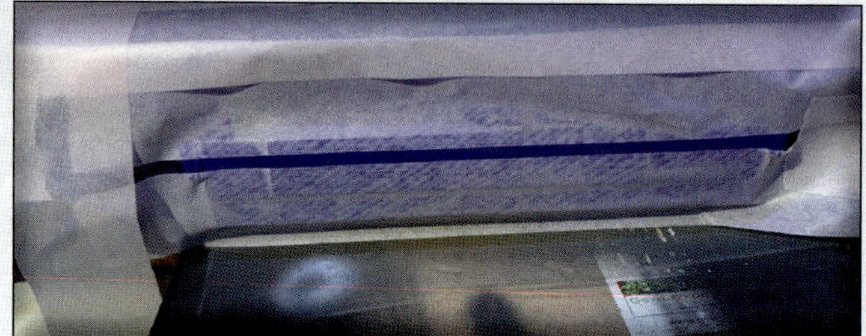

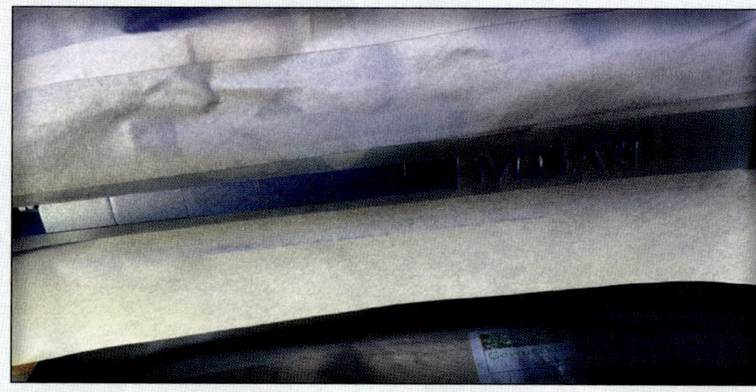

Schritt 29: Innenraum und Armaturenbrett

Endspurt, es ist fast geschafft. Die Innenseiten der Türen und des Armaturenbretts bearbeite ich mit einem Pinsel und entferne den Farbnebel im Innenraum. Auf zur letzten Kontrolle.

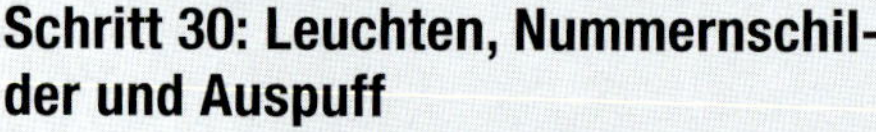

Schritt 30: Leuchten, Nummernschilder und Auspuff

Vor dem Klarlacken werden alle weiteren transparenten Teile mit Candy Farbe besprüht. Außerdem gestalte ich die Nummernschilder so, dass sie ins Energiekonzept passen.

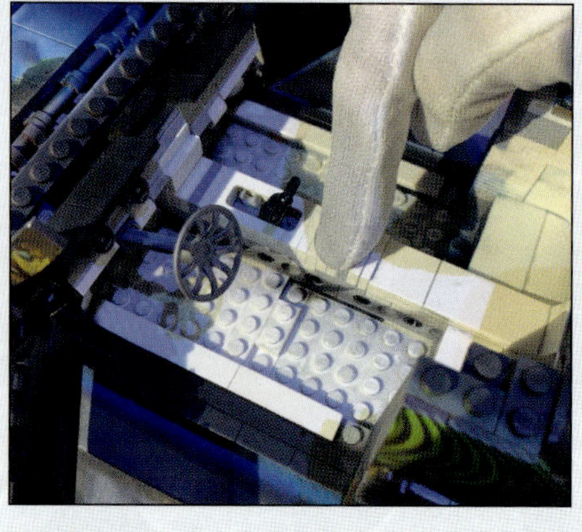

Schritt 31: Felgen und Klarlack

Die Felgen habe ich separat in Schwarz lackiert und das Auto in mehreren dünnen Schichten Klarlack versiegelt. Dazu verwende ich den Baumarktlack auf Wasserbasis. Für die 0,6 mm Düse meiner Infinity habe ich den Lack zur Hälfte mit Wasser verdünnt und gut eingestellt. Nun wirken die Candy-Farben um so leuchtender im Vergleich zur Steampunk-Fläche. Damit stand einer aufregenden Reise zur LEGO Ausstellung nichts mehr im Wege.

AT-AT Walker

Filmreifer Fantasy-Plastikbausatz von Roger Hassler

Plastikbausätze kommen in der Regel in einem neutralen Grauton – so auch dieser AT-AT-Walker aus dem Star Wars Universum. Um diesen ein wenig zum Leben zu erwecken und ihn z.B. später in einem Diorama zu platzieren, eignet sich zur Bemalung am besten eine Mischung aus Pinsel- und Airbrushtechnik. Der Krieg der Sterne ging an dem Walker sicher nicht spurlos vorbei, also erhält das Modell Verwitterungs- und Abnutzungsspuren mit einfachen Mitteln.

// GRUNDAUSSTATTUNG // AT-AT Walker

Airbrush: Iwata Neo 0,3 mm Düse

Farben: pro-color Schwarz, Umbra, Silber, Gold, Weiß, Feuerrot, Zitrusgelb

Pinsel: DaVinci Micro-Maestro, Flachpinsel

Untergrund: Revell Modellbausatz „AT-AT“

Schritt 1: Das Plastikmodell

Es gibt viele Möglichkeiten, um Plastikmodelle zu bemalen: Vor dem Zusammenbau oder erst danach, mit Grundierung oder ohne. Ich habe mich dafür entschieden, auf dem frisch zusammengebauten Modell direkt zu starten und den originalen grauen Farbton des Plastiks zu nutzen.

Schritt 2: Rillen

Alle Metallplatten, Scharniere, Löcher, Klappen und deren Rillen sollen im ersten Schritt vertieft und somit verdeutlicht werden. Dafür nutze ich einen Fineliner, den ich in den Rillen ansetze und auftrage. Der Filzstift hat den Vorteil, dass man zum Einen in die schmalen Lücken einigermaßen hineinkommt und anschließend die Farbe mit dem Finger verwischen kann. Alternativ geht auch ein Druckbleistift, der einen ähnlichen Effekt hinterlässt. Ich wische dabei von oben nach unten runter.

Schritt 3: Vertiefungen

Mit einem Gemisch aus Schwarz und Wasser, wobei ich hierbei deutlich mehr Wasser als Farbe verwende, starte ich, auf die Vertiefungen des Modells zu malen. Dabei nutze ich einen normalen Rundpinsel in kleiner Größe. So habe ich die Möglichkeit, mit der Pinselspitze auch an kleinste Bereiche zu gelangen und mit der breiten Seite des Pinsels auch mal größere technische Bestandteile des Walkers wie z.B. Motoren oder Kühlgitter zu übermalen. Aufgrund der nicht grundierten Plastikoberfläche gibt es interessante zufällige Flecken mit teils harten Kanten. Natürlich kann man bei Bedarf auch mehrmals über die Flächen malen. Auch in diesem Prozess sollen Vertiefungen zusätzlich deutlicher hervorgehoben werden.

Schritt 4: Grundierung

Jetzt erst bekommt der AT-AT-Walker seine Grundierung. Natürlich kann man aber auch erst grundieren und dann weitere Pinseleffekte hinzufügen. Hierbei gibt es immer mehrere Wege! Aber zurück zur Grundierung. Dafür verwende ich eine Mischung aus pro-color Silber, einen Tropfen pro-color Gold für den öligen Touch in der Farbe sowie einige Tropfen Weiß, einen Tropfen Schwarz und etwas Wasser. Es empfiehlt sich, das Ganze in einem kleinen Becher anzumischen, damit man genau seine persönliche Vorstellung der Grundierung bekommt. Das Wasser ermöglicht, die Farbe etwas transparent aufzusprühen und auch ein Verstopfen der Düse durch die Metallic-Farben zu umgehen. Das Silber gibt dem Walker einen minimalen metallischen Look. Mit dieser Mischung übernebele ich den Walker, so dass zum einen die Original-Plastikfarbe sich ändert, aber auch die bisher aufgetragenen Strukturen und Abdunklungen noch erhaltend durchschimmern. Neben der Mischung mit Wasser kann durch den Abstand mit dem Airbrushgerät zum Malgrund und der Farbdosierung über den Hebel die Intensität des Auftrags gesteuert werden. Sollten einem mal Bereiche gar nicht gefallen oder man hat sich vermalt, hat man mit dieser Grundierungsfarbe, die Möglichkeit zur Korrektur – denn aufgrund der semiopaken und opaken Beimischung von Weiß und Silber – wird der Farbton nach mehreren Schichten auch deckender.

Schritt 5: Schattierungen

Im nächsten Schritt klebe ich einige markante Metallplatten des AT-AT-Gesamtkonstrukts mit Klebeband ab. Dafür nutze ich leichtklebende Fineline-Tapes, die ich auch mehrmals am selben Objekt verwenden kann. Man kann die zuvor gemischte Grundfarbe mit Schwarz abdunkeln und nutzen, aber in diesem Fall habe ich einen Tropfen Schwarz mit etwas Wasser gemischt und vorsichtig aufgetragen. Achten Sie dabei auf das Verhindern von Overspray und decken Sie bei Bedarf alle anderen Flächen ab, die keine Schattierung erhalten sollen. Beim Übernebeln der einzelnen Bereiche sprühe ich einen leichten Farbverlauf darüber und färbe nicht die komplette Fläche, da es so realistischer aussieht.

Schritt 6:
Auch andere Bereiche der Metallplattensegmente bekommen eine Schattierung. Hierbei sprühe ich vor allem an den Rändern und dunkle diese ein wenig ab um eine erste abgenutzte und verwitterte Optik zu erhalten.

Da die Bereiche des Walker-Kopfes deutlich kleiner sind als der Rumpf, gehe ich hier beim Auftrag der Farbe deutlich vorsichtiger vor und besprühe nur wenige Segmente mit Schattierungen. Auch die Bereiche der Beine, Hals und Füße können hier schon mit einigen Schattierungen versehen werden.

Schritt 7: Rost
Im nächsten Schritt geht es um den Rost, der sich auf der Metalloberfläche angesammelt hat. Mit jeweils einem Tropfen meiner Basisfarben Feuerrot, Zitrusgelb und Umbra mache ich eine rostige Mischung. Einige Tropfen Wasser kommen noch hinzu. Beim Sprühen solcher Details auf der Plastikoberfläche ist Vorsicht geboten, da es schnell zu Klecksen und „Spinnen“ kommt. Um dem vorzubeugen, kann man an dieser Stelle den Druck von 2 bar auf 1 bar reduzieren und so den Farbauftrag verlangsamen. Ich sprühe jeweils Linien und schmale Schattierungen unterhalb von Öffnungen, Scharnieren und Klappen. Bei Bedarf kann diese Farbmischung auch mit dem Pinsel aufgetragen werden, um Effekte zu verstärken.

Schritt 8: Mit Umbra abdunkeln

Mit Umbra dunkle ich einige der rostigen Bereiche noch mal ab, damit es nicht zu bunt und fleckig wirkt. Die ein oder andere Schattierung kann ebenfalls bei Bedarf mit Umbra zusätzlich erzeugt werden. Ist es zu dunkel oder einfach nur Fehl am Platz, kann mit der Grundfarbe aus Schritt 4 wieder partiell ausgebessert werden.

Schritt 9: Schattierungen ergänzen

Bei Bedarf können jetzt noch weitere Klappen mit leichten Schattierungen versehen werden. Hierbei sieht man, dass man die vorausgegangenen Schritte auch bei Bedarf wiederholen und auch die Reihenfolge ändern kann.

Schritt 10: Rillen abdunkeln

Da viele der Rillen immer noch nicht dunkel genug sind, werden diese mit einer Mischung aus Schwarz und etwas Wasser unter Verwendung eines 20-0-er Pinsels nochmal verstärkt. In diesem Zusammenhang können auch mit dem kleinen Pinsel Farbabplatzungen, Dreck und Flecken an den Rändern aufgetupft werden.

Schritt 11: Abschürfeffekte

Ein alter Flachpinsel und schwarze Farbe hilft, zusätzliche Abschürfungseffekte aufzutragen. Hierbei bearbeite ich vor allem die Füße und Kanten am Rumpf. Im Gegensatz zu Schritt 3 vermische ich das Schwarz nur mit ganz wenig Wasser, da es weder vom Modell runterlaufen, noch zu transparent erscheinen soll. Ich tupfe mit einem alten kleinen Borstenpinsel oder Flachpinsel die Farbe trocken auf. Das bedeutet, ich tupfe die Farbe zuvor auf einem Papier etwas ab und gehe dann erst auf das Modell.

Schritt 12: Schneestruktur für Basisplatte

Dem Plastikmodell lag noch eine Basisplatte bei, auf dem man den Walker positionieren kann. Hier war der Ursprung weißes Plastik. Um die geprägten Strukturen noch ein wenig besser zu verdeutlichen, habe ich zuerst mit einem Graugemisch aus Weiß und Schwarz die Schattenbereiche der Schneelandschaft angenebelt. Dann folgte ein Gemisch aus Eisblau und Weiß, um die Fläche unregelmäßig leicht einzufärben. Mit der Schlauchabknick-Methode kommen erst graue Sprenkler hinzu. Mit Weiß wird dann ebenfalls über die Fläche gesprenkelt. Mit deckendem Weiß sprühe ich auch auf die Lichtseite der hügeligen Landschaft. Bei Bedarf kann man auch mit einem Papiertuch und Weiß zusätzlich auf der Oberfläche tupfen, um die schneeartige Oberfläche aufzuhellen und zu strukturieren.

Schritt 13: Endergebnis

Hier sieht man das Ergebnis der bisherigen, recht kurzweiligen Bemühungen. Wie schon angedeutet, kann man die Entstehungsschritte auch in der Reihenfolge variieren und wiederholen. Ergänzungen mit Tupf-, Wisch- und Sprenkeltechniken verleihen der Oberfläche weitere interessante Looks bei Bedarf. Nun kann das Plastikmodell im Regal oder ins Diorama platziert werden.

Grundlagen des 3D-Drucks

Eine Einführung von Thomas Kunert

Modellbau, Tabletop Gaming, Airbrush und 3D-Druck sind ein hervorragendes Team. Mit der Airbrush fertige Modelle und Objekte individuell zu bemalen – das ist bekannt. Wenn Sie jetzt auch noch die Figur oder das Modell, nach dem Sie vielleicht schon ewig gesucht haben, nach Ihren Wünschen formen könnten – ein Traum, oder? Mit 3D-Druck geht das. Hier bekommen Sie einen ersten Überblick über das Thema 3D-Druck und wie es Ihre Modell- und Figurenwelten erweitern kann.

Von 3D-Druck hat vermutlich jeder schon einmal gehört. Das Thema verlässt die Nerd-Keller und ist zunehmend medienpräsent. Nicht zuletzt, weil 3D-Drucker für den Hobbybereich in den vergangenen Jahren immer erschwinglicher geworden sind. Neben dem 3D-Druck von Ersatzteilen, Haushaltshilfsmitteln, Eisenbahngelände wird der 3D-Druck von Figuren aus Film, Fernshen und Computerspielen immer interessanter. Mittlerweile kann man von fast jedem Computerspiel Figuren für den 3D-Drucker bekommen. Teilweise sind diese kostenlos, oft aber gegen Bezahlung zu haben. Gerade bei Facebook und in Foren bilden sich Gruppen, wo Designer Selbstmodelliertes gegen Bares anbieten.

Idealer Untergrund für die Airbrush-Technik

Die am meisten verbreiteten 3D-Drucker basieren auf dem Fused Deposition Modeling, kurz FDM, genannt. Dabei wird ein schmelzfähiger Kunststoff Schicht für Schicht aufeinander aufgetragen. Die meisten der gedruckten Modelle fristen ihr Dasein in der Materialfarbe, in der sie gedruckt wurden. Da ich aus dem Tabletop War Gaming Bereich komme, wollte ich meine eigenen 3D-Drucke natürlich nicht nur drucken, sondern auch bemalen. Für die Bemalung 3D-gedruckter Figuren eignet sich die Airbrush besonders, da die Modelle meistens eine gewisse Grundgröße aufweisen. Abhängig vom Drucker ist eine Mindestgröße notwendig, um Details vernünftig darzustellen. Somit sind die meisten gedruckten 3D-Figuren 30 cm groß und größer. Diese lassen sich natürlich auch mit Pinsel und Dose bemalen, aber mehr Kontrolle und Qualität lässt sich nur mit der Airbrush erreichen. Ich selbst nutze den Pinsel für Detailarbeiten wie Blacklining und Highlights. Doch das erkläre ich später im Detail.

Vorteile des Selberdruckens

Doch wo liegt eigentlich der Vorteil, wenn man selber druckt? Schließlich gibt es Onlinedienste, die einem so ziemlich alles in allen möglichen Materialien drucken können. Wo es früher aufgrund der horrenden Preise für 3D-Drucker günstiger war, sich einzelne Teile drucken zu lassen, ist es heute genau anders herum. Ich nehme mich mal selber als Beispiel. Wenn jemand etwas von mir gedruckt haben möchte, dann nehme ich in der Regel für die Druckstunde 2 Euro. Da sind die Materialkosten, Stromkosten etc. enthalten. Reich werde ich davon natürlich nicht. Ich drucke aber auch äußerst selten für Andere. Wenn man jetzt den Torso des Ironman als Referenz nimmt, so brauchte der Drucker ca. 2,5 Tage, um diesen zu drucken. Sagen wir mal grob 60 Stunden Druckzeit, macht 120€ nur für den Torso. Rechnet man das hoch auf den gesamten Iron Man mit Base, kommen da gut und gerne 500€ und mehr als reine Druckkosten zusammen. Wenn man überlegt, dass ein günstiger Drucker um die 300€ kostet, lohnt sich die Anschaffung schon ab dem ersten gedruckten Modell.

Ein guter Drucker für wenig Geld?

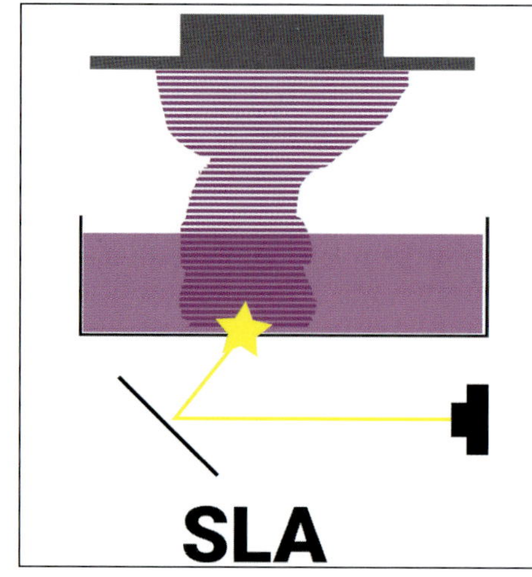

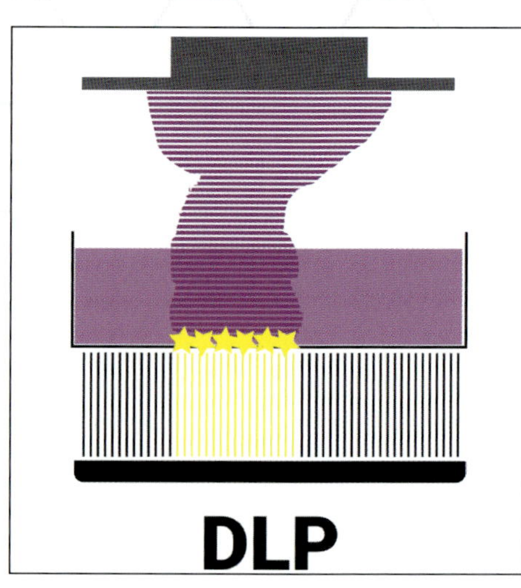

Das FDM-Druckverfahren

Habt Ihr Euch für ein Druckobjekt entschieden, bedarf es natürlich noch eines 3D-Druckers. Im Hobbybereich hat sich das FDM-Druckverfahren durchgesetzt. Dieses habe ich bereits oben beschrieben, nun möchte ich noch etwas mehr ins Detail gehen. Bei FDM-Druckern gibt es verschiedenste Materialien, die über den Druckkopf geschmolzen werden können. Am meisten verbreitet ist dabei PLA. PLA steht kurz für Polylactid Acid (Polymilchsäuren). Es handelt sich dabei um einen Biokunststoff, der biologisch abbaubar ist und aus nachwachsenden Rohstoffen, z.B. Maisstärke, erzeugt wird. Das Schmelzen des Kunststoffes ist weitestgehend geruchsfrei und gesundheitlich unbedenklich.

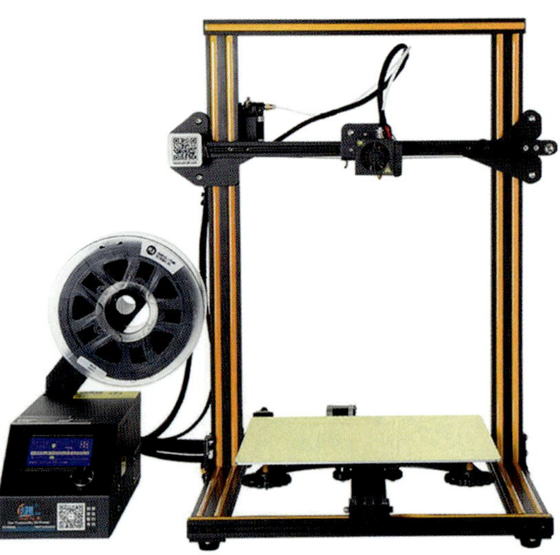

Das SLA-Druckverfahren

Dem gegenüber steht mehr oder weniger nur ein einziges bezahlbares Druckverfahren. Bei diesem Verfahren wird ein Kunstharz mittels einer Belichtungseinheit ausgehärtet. Es haben sich bisher zwei Varianten auf dem Heimanwender-Markt etabliert. Die Drucker sehen sich auf den ersten Blick sehr ähnlich, sind aber im Detail und vor allen Dingen im Preis sehr unterschiedlich. Man unterscheidet zwischen SLA und DLP bei den Resin aushärtenden Maschinen. Beim SLA, auch als Stereolithografie bekannt, handelt es sich im Kern um das älteste 3D-Druckverfahren. Die ersten Entwicklungen fanden bereits 1986 statt. Beim SLA wird das Harz mittels eines Lasers gehärtet. Das erzeugt eine unglaubliche Präzision am Modell und sehr glatte Oberflächen. Da der Laser durch die Wanne, in der das Resin ruht, durchstrahlt, um es zu auszuhärten, wird diese schnell trüb und muss regelmäßig gewechselt werden. Der Laser und das Resin machen diese Art des 3D-Drucks sehr kostenaufwändig und daher wird es hauptsächlich für den Druck von Prototypen und Mastermodellen für die Erstellung von Gußformen verwendet.

Das DLP Digital Light Processing Verfahren

Fehlt also noch das DLP Digital Light Processing Verfahren. Dieses ist aus dem SLA entstanden und kann als eine günstige Alternative oder auch eine Weiterentwicklung dessen verstanden werden. Beim DLP wird der Laser durch ein hochauflösendes Display ersetzt. Dieses ist mit aktuellen Handydisplays durchaus vergleichbar. Statt des Lasers übernimmt das Display die Belichtung der zu härtenden Punkte im Modell. Das hat zur Folge, dass die Druckgeschwindigkeit nicht mehr von der Modellmenge abhängig ist, sondern nur von dessen Größe. Der Belichtungseinheit ist es egal, ob es ein oder 10 Modelle belichtet. Sie müssen nur aufs Druckbett passen. Die Betriebskosten sinken zusätzlich auch dadurch, dass die Resinwanne nicht mehr im Gesamten getauscht werden muss. Bei DLP-Druckern wird lediglich eine hauchdünne Folie am Boden der Wanne regelmäßig gewechselt, wenn diese zerkratzt oder trüb geworden ist. Das sind schon viele Vorteile, aber wo ist der Haken an der Sache? Egal, wie hochauflösend das Display auch sein mag – an einen Laser kommt es nicht heran. Die Qualitätsunterschiede sind mittlerweile aber so gering, dass es sich meist eher lohnt, vier DLP zu kaufen als für dasselbe Geld einen SLA.

Welche Drucker kann ich nun empfehlen?

Hmh, das liegt ganz am Einsatzgebiet der gedruckten Objekte. Für Eisenbahner und Tabletop Spieler würde ich SLA- oder DLP-Drucker empfehlen, da diese die nötige Präzision für den gewünschten Maßstab erzeugen. Für Figurensammler, Airbrusher und Leute, die praktische Bauteile für den Hausgebrauch drucken wollen, würde ich einen FDM-Drucker empfehlen.

Solltet Ihr mit dem Gedanken spielen, euch einen Drucker zu kaufen, lest einschlägige Foren und googelt einfach nach den Top 10 der 3D-Drucker des aktuellen Jahres. Dort werdet ihr nützliche Vergleiche finden und auch die passenden Händler, über die Ihr die Drucker beziehen könnt.

Meine aktuellen Modellempfehlungen sowie Vor- und Nachteile findet Ihr hier im Überblick:

3D Drucker Eigenschaften	FDM-Druckverfahren	SLA-Druckverfahren	DLP-Verfahren
Anschaffungskosten:	gering	hoch	gering
Betriebskosten:	gering	hoch	mittelmäßig
Bauraum:	groß	klein	klein
Gesundheitsgefährdung:	unbedenklich	höchst bedenklich	höchst bedenklich
Härtung und Reinigung der Modelle:	nein	ja	ja
Nacharbeitung der Modell-Oberfläche nötig:	viel	wenig	wenig
Druckergebnis:	gut	Sehr präzise	Hoch präzise
Empfohlenes Modell:	Creality CR-10	Formlaps Form2	Elegoo Mars
Preis:	Ca. 300€	ca. 3000€	ca. 250€

Was soll ich denn drucken?

Starten wir also mit dem 3D-Modell. Wo bekommt man denn 3D-druckfähige Modell her? Erste Anlaufstelle ist da z.B. www.thingiverse.com. Dort ist fast alles zu finden, was das Herz begehrt. Aber gerade im Bereich der Figuren, Fahrzeuge und Raumschiffe aus bekannten Franchises sollte man auf www.gambody.com vorbeischauen. Die dort zu erwerbenden Modelle sind sehr detailliert für den 3D-Druck getestet und meistens gibt es auch eine Zusammenbauanleitung. Das von mir für diesen Artikel verwendete Ironman Mark 46 Modell wurde mir freundlicherweise von Gambody zur Verfügung gestellt. Doch auch www.malix3design.com und natürlich www.cgtrader.com bieten wahnsinnig detaillierte 3D-Modelle, die für den 3D-Druck entworfen wurden.

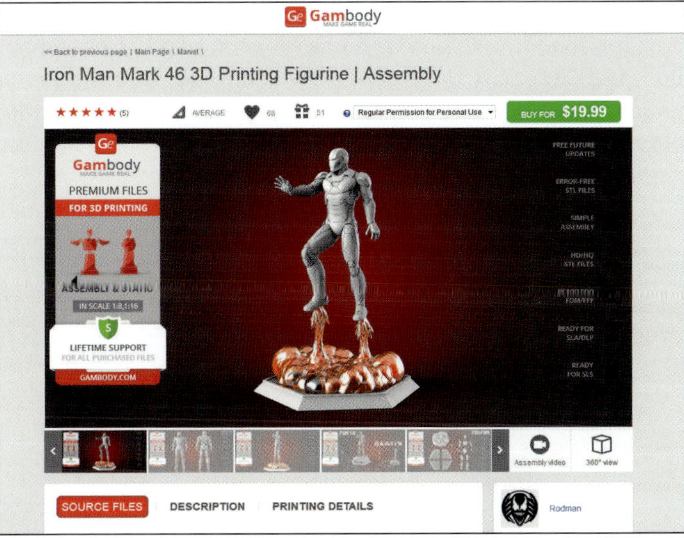

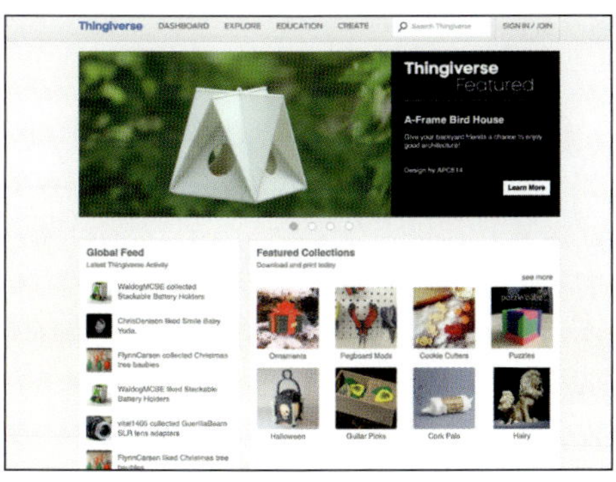

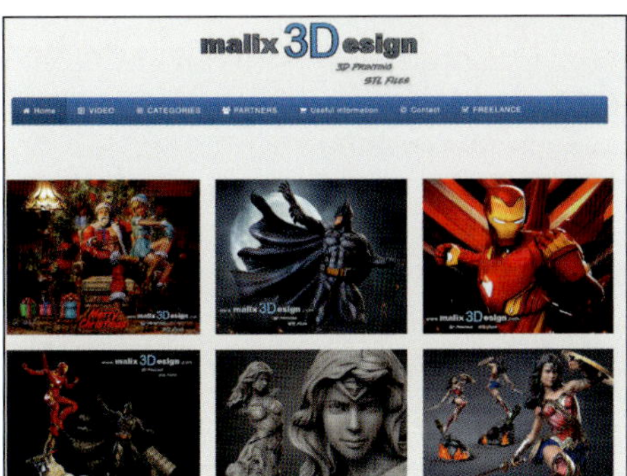

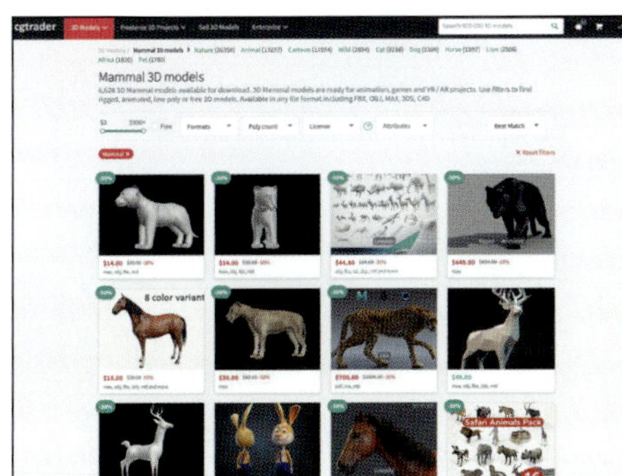

Kann ich eigene 3D-Modelle für den Drucker entwerfen?

Das ist für mich der Kern der Faszination am 3D-Drucken, etwas am PC zu entwerfen und zu sehen, wie es Wirklichkeit wird. Es gibt sehr viele verschiedene Programme, die es ermöglichen, ein druckbares Objekt zu erzeugen. Für Einsteiger seien da Fusion360, Blender 2.8 und Sketchup als kostenlose Varianten erwähnt. Zu all diesen Programmen gibt es jede Menge Tutorials auf Youtube, was den Einstieg sehr erleichtern sollte. Wer den Zugriff auf Inventor, Cinema4D, 3DStudio Max, Maya oder ZBrush hat, kann mit diesen kostenpflichtigen Programmen selbstverständlich auch hervorragend druckfähige 3D-Modelle erzeugen. Für den Start würde ich aber eine der kostenfreien Varianten empfehlen. Wichtig zu erwähnen ist, dass die Oberflächen der erzeugten Modelle immer geschlossen seien müssen. Es kann sonst beim Umwandeln der Datei im Slicer (Druckvorbereitungsprogramm) zu Fehlinterpretationen kommen. Der Drucker weiß dann nicht, ob er dort Material aufbringen muss oder nicht. Mit Netfabb Studio Basic gibt es eine kostenlose Diagnose-Software, die Modelle auf Druckbarkeit prüft.

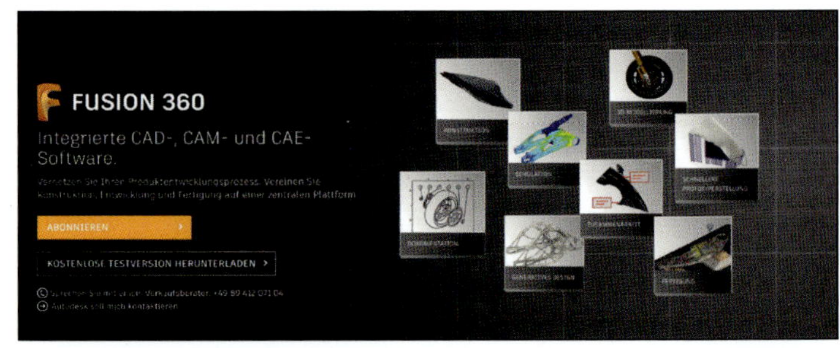

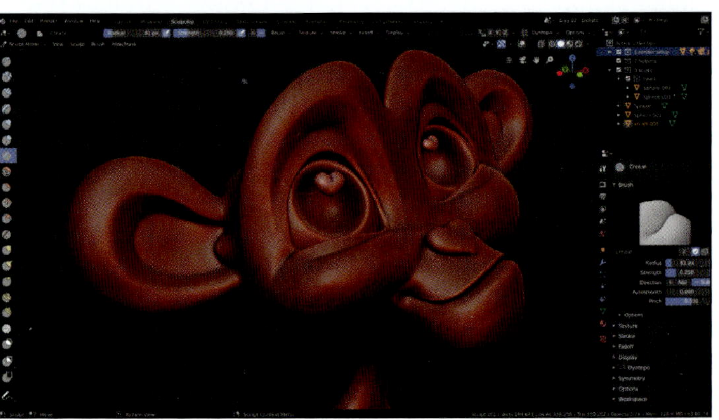

Die Software: Arbeitsanweisung für den 3D-Drucker

Sind Modell und Drucker abgehakt, brauchen wir noch eine Software, die die 3D-Daten für den Drucker lesbar macht, einen sogenannten Slicer. Und das ist auch genau genommen das, was die Software tut: sie zerschneidet das Modell in hauchdünne Scheiben, die der Drucker dann nacheinander aufschichtet. Dabei ist es eure Entscheidung, wie dünn die Scheiben sein sollen. Die meisten aktuellen Drucker können ohne Probleme in einer Schichtstärke von bis zu 0.1 mm dünn drucken. Manche schaffen sogar 0.05, mein Ultimaker 2+ laut Hersteller sogar 0.020 mm.

Infill (Fülldichte)
Shell (Außenwand)
Support(Stützmaterial)

75% Überhang
45% Überhang
25% Überhang
Stütz Material

Doch muss man daran denken, dass jede Halbierung der Schichthöhe die Druckzeit verdoppelt. Daher ist das Vorbereiten der 3D-Objekte im Slicer für manche eine Wissenschaft für sich. Im erwähnten Cura gibt es aber auch fertige Profile, wo man zwischen Qualität und Quantität wählt und die Software den Rest übernimmt. Zu beachten ist, dass man ab einem Winkel von über 45° oder bei Überhängen Stützstrukturen verwenden sollte. Dies ist z.B. bei abstehenden Armen einer Figur der Fall. In der Regel sind diese automatisch angeschaltet. Cura zeigt auch mit Rot an, wo dieser „Support“ benötigt wird.

IRONMAN

Für den Einstieg in den FDM-Druck würde ich Cura empfehlen. Die meisten DLP oder SLA bringen ihren eigenen Slicer mit sich. Im FDM-Druck kann man für so ziemlich alle Maschinen auf Cura zurückgreifen. Dieses ist besonders einsteigerfreundlich und kommt mit fertigen Druckprofilen und Qualitätseinstellungen. Hat man ein Grundverständnis für die Arbeitsweise des eigenen Druckers erlangt, kann man Stück für Stück einzelne Einstellungen von Hand zuschalten und feinjustieren.

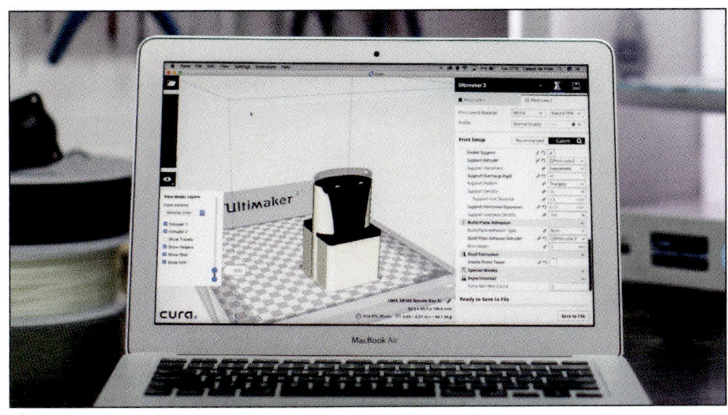

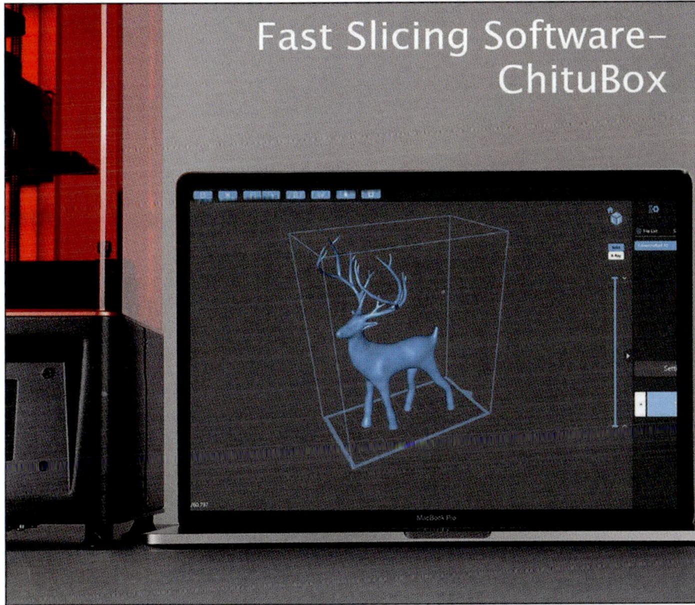

Wer zirka 150€ übrig hat, bekommt mit Simplify3D einen sehr umfangreichen Slicer, der mit sehr vielen Features aufwarten kann. Dieses würde ich aber eher erfahrenen 3D-Druckern empfehlen. Simplify3D bietet eine Hilfewebseite an, auf der alle gängigen Druckprobleme bildlich dargestellt werden und die passenden Einstellungen in der Software, um diese Probleme zu beheben. Des Weiteren ist es in Simplify3D möglich, eigenes Stützmaterial von Hand zu setzen. Das ist in Cura ohne extra Plug-ins bisher nicht möglich.

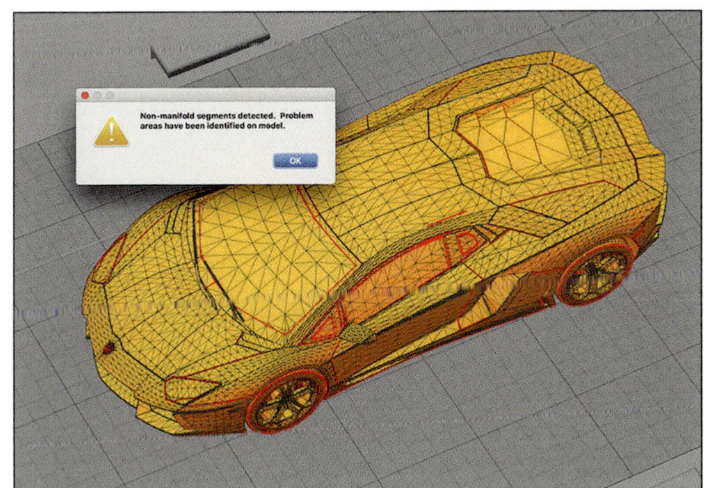

Gedruckt und fertig zum Bemalen?

Nach dem Druck muss das fertige Objekt von der Druckoberfläche gelöst und vom Support befreit werden. Dabei sind Bastelmesser, NOGA Dreikantschaber und kleine Bastelzangen sehr nützlich. Ist alles Supportmaterial entfernt, sieht das Modell schon recht brauchbar aus. Leider erweist sich die Oberfläche nicht als besonders malfreudig. Durch die feinen Linien, die durch das Druckverfahren entstehen, läuft die Farbe in den Linien entlang. Also ist ein direktes Malen oder Airbrushen auf das Modell bzw. auf dessen Oberfläche nicht zu empfehlen. Es folgt also die Oberflächenvorbereitung, die Ihr als Modellbauer und Airbrusher auch von anderen Untergründen nur allzu gut kennt: schleifen, spachteln, grundieren.

IRONMAN 3D

3D-Druck-Bemalung von Thomas Kunert

Das Ironman Modell aus dem 3D-Drucker eignet sich dank seiner vielen glatten Flächen ideal für die Nutzung der Airbrush. Nur für letzte Details kommt auch der Pinsel zum Einsatz. Anstatt Metallfarben lernen Sie hier die Entstehung von Non Metallic Metall-Effekten kennen, die dem Ironman seinen eisernen Look verleihen.

// GRUNDAUSSTATTUNG // Ironman 3D

Airbrush: Harder & Steenbeck Infinity CR+

Farben: Vallejo Modelcolor: Carmine Red, Ivory, Vermillion, Field Blue, Light Turquoise; Vallejo Gamecolor: Black, Steel Grey, Dead White, Bronze Fleshtone, Beasty Brown; Game Ink: Red

Kompressor: SIL-AIR AL20

Materialien: Atemschutzmaske, Absauganlage von Wiltek, Sandpapier, Diamantfeilen, 2-Komponenten-Modelliermasse, Presto Sprühspachtel, Grundierung aus der Sprühdose, Bastelmesser, Schnappsbecher, Pinsel, Klebeband, Vallejo Liquid Mask

Untergrund: 3D-gedrucktes Ironman Modell nach Dateivorlage von Gambody.com

Schritt 1: Die Vorbereitung

Wie schon am Ende des 3D-Druck-Artikels erwähnt, ist die Oberfläche eines 3D-gedruckten Modells nicht besonders malfreudig. Durch die feinen Linien, die durch das Druckverfahren entstehen, läuft die Farbe in den Linien entlang. Also beginne ich damit, den Untergrund für die Airbrush-Bemalung vorzubereiten: Als ersten Arbeitsschritt schleife ich das Druckobjekt nass mit Sandpapier und Diamantfeilen. Besonders feine Stellen kann man mit den Diamantfeilen, einem mit Sandpapier umwickelten Zahnstocher oder mit flüssigem Füller zu Leibe rücken.

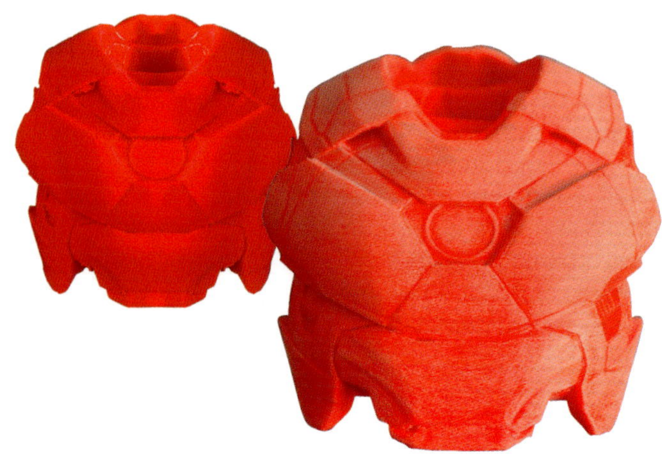

Schritt 2: Sprühspachtel auftragen

Größere Fehler oder Ähnliches kann ich nach dem Schleifen mit 2-Komponenten-Modelliermasse ausgleichen. Diese ist nach dem Aushärten auch schleifbar. Ist die Oberfläche soweit vorbereitet, trage ich Presto Sprühspachtel auf das 3D-Modell auf. Diesen solltet Ihr nur im Freien oder sehr gut belüfteten Räumen aufsprühen. Einatmen wäre nicht gesundheitsfördernd. Hier gilt, weniger ist mehr. Lieber 2-3 dünne Schichten als eine dicke, die alle Details verschlingt. Der Sprühspachtel braucht sehr lange zum Durchtrocknen.

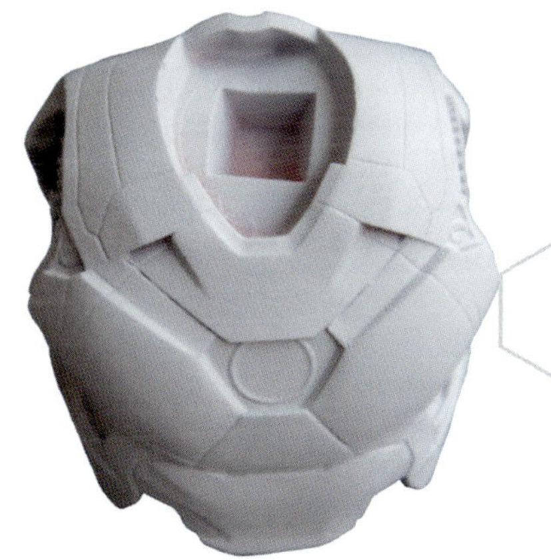

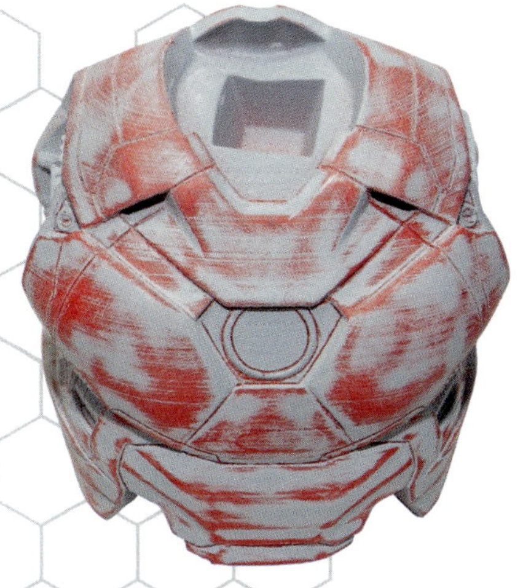

Schritt 3: Zweites Schleifen

Nun kann es wieder ans Nassschleifen gehen. Dieser Arbeitsschritt kann sehr viel Zeit in Anspruch nehmen. Mit einem Dremel oder Schwingschleifer kann man sich die Arbeit etwas erleichtern. Bei feinen Details würde ich aber davon abraten. Nichts geht über das gute alte Schleifen per Hand. Teilweise muss der ganze Vorgang mehrfach wiederholt werden. Feine Details wie die Linien in der Rüstung des MK 46 hole ich mit einer Bastelmesserspitze wieder heraus.

Schritt 4: Grundierung

Ist das Modell glatt genug, wird es mit Grundierung aus der Dose besprüht. Das kann je nach Wunsch auch schon eine der Endfarben sein. Die Rüstung des Ironman hätte ich z.B. auch schon rot grundieren können. Es ist auch möglich, Primer mit der Airbrush aufzutragen. Ich favorisiere aber die Grundierung aus der Dose. Deren Haftung ist besser und dadurch, dass sie gröber ist, schließt sie noch Poren auf dem Modell. Somit trägt sie auch zur optischen Glättung des Modells bei. Auch nach der Grundierung hat man noch die Möglichkeit, das Modell an kritischen Stellen zu schleifen und erneut zu grundieren.

vallejo
HOBBY PAINT
FOR METAL AND PLASTIC
FÜR METALL UND KUNSTSTOFF
PARA PLÁSTICO Y METAL
DANGER:
EXTREMELY FLAMMABLE
CONTENTS UNDER PRESSURE

Schritt 5: Fertig zum Bemalen

Unser 3D-Modell ist nun fertig, um mit der Airbrush bemalt zu werden. Als Erstes habe ich mir Referenzen im Internet gesucht und einige davon ausgedruckt. Mittels dieser Farbreferenzen erstellte ich mir Farbkarten für die drei Hauptfarben, die auf dem Modell vorkommen. Als Airbrush verwende ich eine Harder & Steenbeck Infinity CR+. Meine Druckluft kommt aus einem SIL-AIR AL20 und ich benutze eine Absauganlage von Wiltek. Diese ist auch dringend nötig. Beim Airbrushen auf ein dreidimensionales Objekt geht sehr viel der Farbe am Modell vorbei und sollte per Absauganlage aufgefangen werden. Zusätzlich habe ich immer eine Atemschutzmaske auf, da die Absauganlage nicht alle Partikel aus der Luft sagen kann. Die Gesundheit geht vor.

Schritt 6: Die Rot-Töne

Die größten Flächen sind Rot, welches ein lackiertes Metall darstellen soll. Es weist großflächige Reflexionen auf, die über lange Farbverläufe dargestellt werden müssen. Als Grundton habe ich mich für Carmine Red von Vallejo Modelcolor entschieden. Für dunkle Stellen und Schatten habe ich das Carmine Red mit Black von Vallejo Gamecolor gemischt, wobei der dunkelste Schatten ca. einem 50/50-Gemisch entspricht. In die hellen Reflexionen ging ich über Vermillion von Modelcolor, welches ich Stück für Stück mit Ivory von Modelcolor aufgehellt habe. Als Letztes habe ich mich noch für ein Ink entschieden. Das Aufhellen von Rot lässt dieses sehr pastellig werden und es bekommt einen Schweinchenrosa-Look. Daher habe ich zum Abschluss das rote Ink aufgesprüht. Damit konnte ich die Sättigung des Rots wieder verstärken.

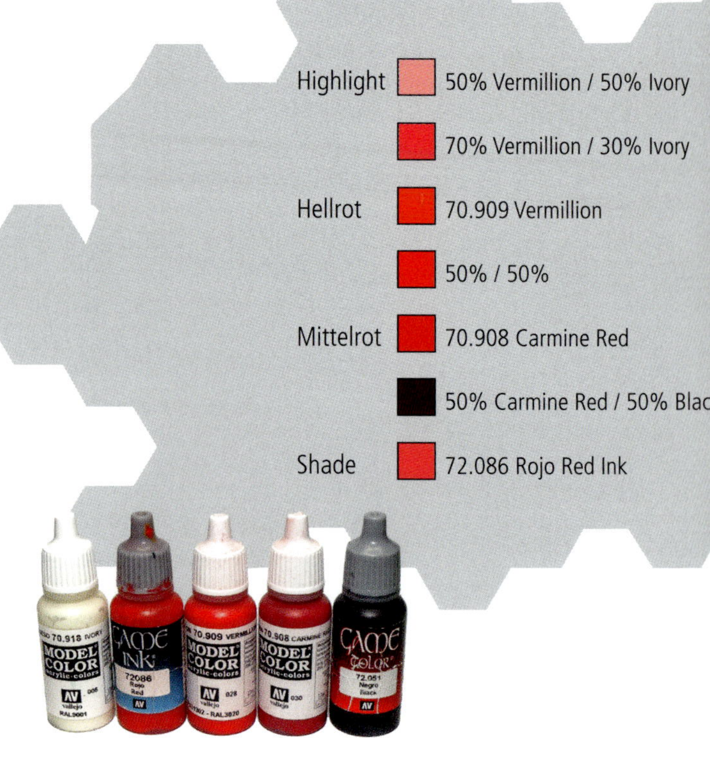

Schritt 7: Die Gold-Töne

Die Bronze- bis Gold-Töne nehmen die zweitgrößte Fläche am Model ein. Hier setzte ich auf einer 50/50-Mischung von Beasty Brown und Bronze Fleshtone, beide von Gamecolor. Abgedunkelt habe ich wieder mit Gamecolor Black und Modelcolor Ivory. Das Ivory ist übrigens ein Weiß-Ersatz. Die Farbe ist nur fast Weiß und hat einen leichten Gelbstich, der ein harmonisches Aufhellen der Farbe ermöglicht. Bei den absoluten Reflexhighlights habe ich bei den Metalltönen auch mal dezent Weiß mit beigemischt.

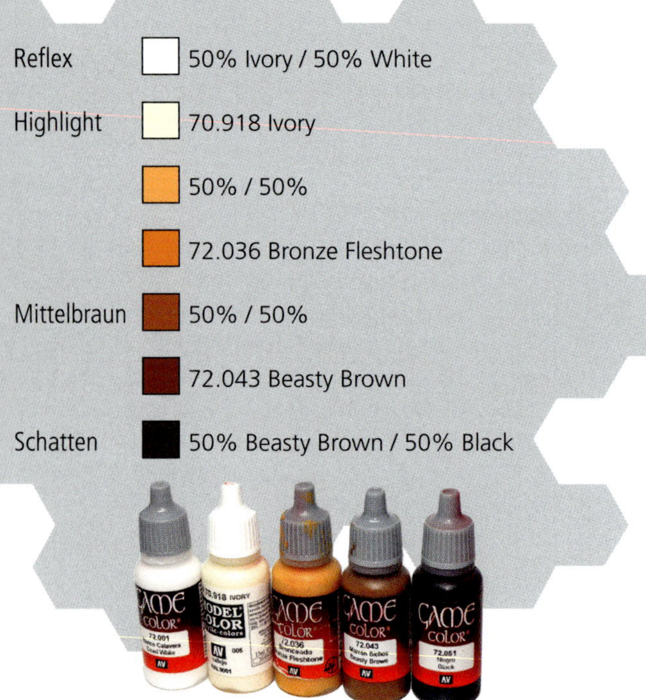

Schritt 8: Stahlfarben

Als Dritte im Bunde fehlten noch die Stahlflächen. Mit Fieldblue von Modelcolor hatte ich einen passenden Grundton gefunden. Zum Aufhellen ging ich über Steel Grey bis hin zu Weiß. Zum Abdunkeln habe ich wieder Schwarz verwendet. Zum Abschluss habe ich noch Modelcolor Light Turquoise hauchdünn auf einige Highlights aufgetragen, um einen veredelten Stahl Look zu erzeugen. Normales Metall wirkt eher grau, wobei Stahl in Lichtreflexionen einen leichten Blau/Türkis-Schimmer aufweisen kann.

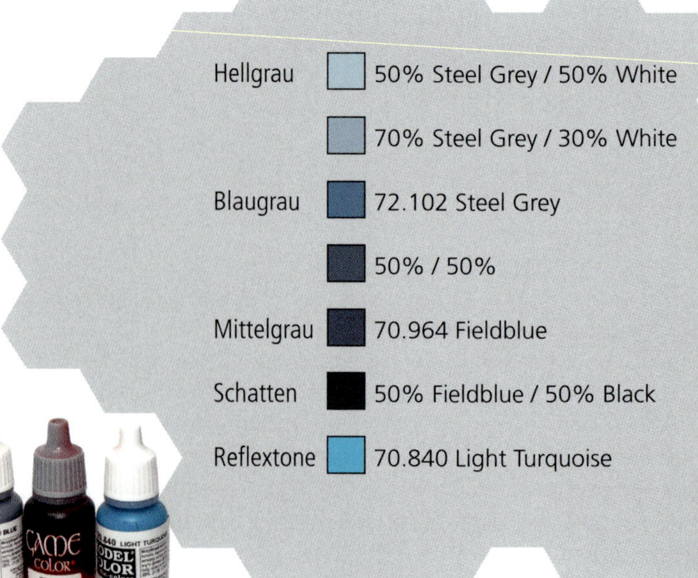

Schritt 9: Farbtest

Nachdem ich alle Farben zusammen hatte, musste ein Test her. Also habe ich mir Ausmalbilder im Netz gesucht und mit Lasuren die Farbverläufe auf Papier getestet. Damit wollte ich ein Gefühl für die Reflexionen und Verläufe bekommen.

Schritt 10: Beleuchtung setzen

Doch bevor ich mit den Farben anfangen konnte, fehlte noch eine grundlegende Beleuchtung des Modells. Diese wirkt sich auf die Helligkeit und die Sättigung der aufgetragenen Farben aus. Außerdem gibt sie ein Grundgefühl, wo Farben eher hell oder dunkel auslaufen sollten. Bei den Metallen kann man das etwas aufbrechen, aber gerade für das Rot ist so ein Pre-shading sehr hilfreich und wichtig. Ich wählte für meine Lichtquelle eine High Noon Sonne, also dass sich meine Lichtquelle senkrecht über dem Modell befindet. Mit meiner weißen Grundierung sprühte ich also hauptsächlich senkrecht von oben einen feinen Sprühnebel auf das Modell.

Schritt 11: Erste Tests mit Köpfchen

Ich bemale bei Figuren immer als Erstes den Kopf bzw. das Gesicht. Somit hauche ich dem Modell Leben ein und arbeite mich dann an der Figur von innen nach außen. Daher musste der Kopf des Ironman als Erster herhalten. Da die größte Fläche die Maske ist, habe ich alle anderen Flächen mit Maskierband von Tamiya, Flüssigmaske von Vallejo und Klarsichtfolie abgedeckt. Beim Airbrushen arbeite ich am liebsten mit Schnappsbechern. Diese machen es mir möglich, schnell zwischen den Farbmischungen zu wechseln, bis mir ein Verlauf gefällt – gerade wenn man sich doch mal versprüht hat und schnell ausbessern muss.

Schritt 12: Farbe für die Maske

Die Maske besteht aus den Goldtönen und muss als Metall sehr stark reflektieren bzw. sehr starke Farbverläufe aufweisen. Nachdem ich den Grundfarbton aus einer Mischung von 50% Beasty Brown und 50% Bronze Fleshtone aufgetragen hatte, führte ich die Verläufe dem Hauptlicht folgend nach oben aufhellend und nach unten abdunkelt auf. Als Referenz für die Verläufe habe ich sehr viele Bilder studiert, um die Reflektionen besser zu verstehen. Spitz zulaufende Kanten wie die Wangenknochen wurden von mir zulaufend aufgehellt. Umso schärfer eine Kante ist, umso mehr bricht sich das Licht auf ihr.

Schritt 13: Die Augen

Nun war es soweit, den Glow Effekt an den Augen zu testen. Am stärksten wirkt dieser wenn die umliegenden Flächen sehr dunkel sind. Mit dem Light Turquoise malte ich die Flächen der Augen aus und machte mir eine ca. 90% Weiß und 10% Light Turquoise Mischung, um ein Weiß mit Türkisstich zu erhalten. Diese sprühte ich sehr fein von der Mitte des Auges umlaufend um die Kante der Augen. So entstand der Effekt, dass das Licht über die Augen hinausstrahlt.

Schritt 14: Stahlflächen

Nachdem ich mit dem Effekt zufrieden war, maskierte ich wieder großflächig ab und sprühte die Stahlflächen an. Auf die Technik gehe ich gleich noch im Detail ein. Maske über Maske, das ist das ganze Geheimnis.

Schritt 15: Roter Hals und Hinterkopf

Also fix die Stahlteile abgedeckt und nun ging es an das Rot. Wie schon weiter oben beschrieben, neigt dieses dazu, sich sehr schnell in Schweinchenrosa zu verwandeln. Das kann man durch Beimischen von Gelb in das Rot vermindern oder dadurch, wie ich, nachträglich ein Ink (eine transparente hochpigmentierte Tusche) aufzutragen. Das Ink holt mir die Sättigung zurück und dämpft die Verläufe etwas ab. Dabei ist Vorsicht geboten, da recht schnell auch ein Verlauf gänzlich verschwinden kann, wenn man es zu gut mit der Tusche meint.

Schritt 16: Fertiger Kopf

Nachdem alle Masken gefallen waren, habe ich noch den Leuchten Effekt an den Seiten am Hals aufgesprüht, damit war der Kopf bis auf die Kantenhighlight und Schatten in den Rillen, auch schon fertig. Wem das jetzt zu schnell ging, kein Problem. Ich werde anhand der Stahlteile am Torso meine Arbeitsweise etwas genauer erläutern.

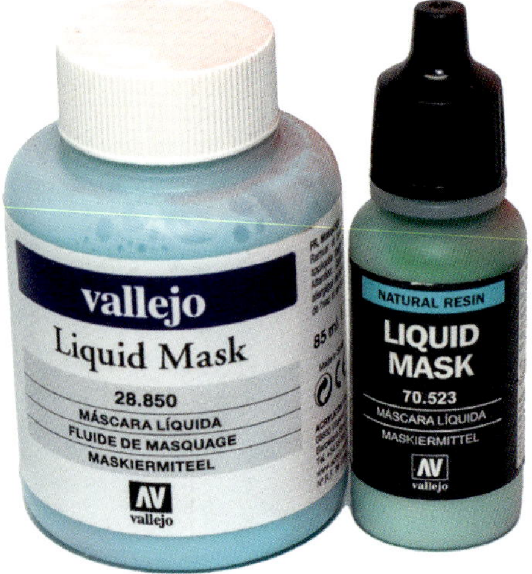

Schritt 17: Flüssigmasken

Doch erstmal etwas zu den Flüssigmasken. Diese sind das wichtigste Werkzeug neben der Airbrush. Bei glatten Flächen bietet sich mitunter auch Maskierband an, aber sobald es um organische Oberflächen geht, ist eine flüssige Maske unerlässlich. Bitte versucht kein Rubbelkrepp wie beim Malen auf Papier. Das habe ich in meinen Anfängen auch versucht. Man bekommt es nur unter größten Anstrengungen wieder runter. Also bitte Finger weg davon. Ich nutze die Flüssigmaske von Vallejo. Diese gibt es in der großen und in der kleinen Flasche, wobei es sich um zwei verschiedene Mixturen zu handeln scheint. Gefühlt funktioniert die aus der großen Flasche etwas besser. Beide sind sich aber sehr ähnlich und erfüllen ihren Zweck. Für das Auftragen solltet ihr alte Pinsel verwenden, da die Flüssigkeit auf dem Pinsel sehr schnell verklebt und eine Haut bildet. Lange halten die Pinsel das nicht durch. Häufiges Auswaschen hilft, die Hautbildung etwas zu verlangsamen. Umso mehr Schichten ihr übereinander auftragt, umso besser lässt sich die entstandene Latexhaut später wieder entfernen.

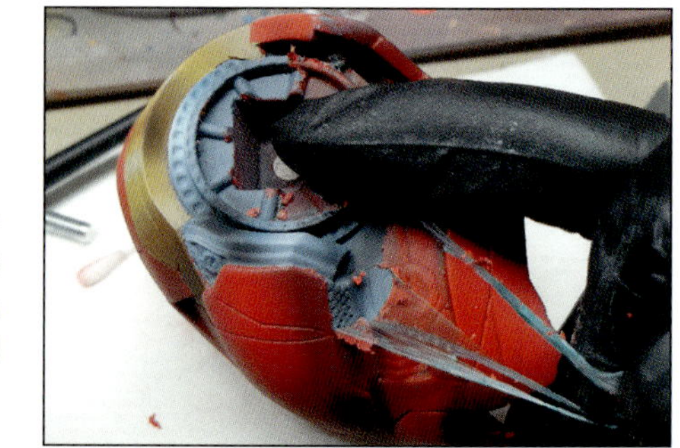

Schritt 18: Tipps zum Abrubbeln

Zumeist nehme ich dafür einfach die Finger und rubbele die Maske runter. Pinsel mit Gummispitze (Clayshaper) können auch sehr praktisch sein. Mitunter muss auch das Bastelmesser zur Hilfe genommen werden. In diesem Punkt sollte man sehr vorsichtig sein, damit man die aufgetragene Farbe nicht beschädigt. Generell lackiere ich jede fertige Farbschicht zwischendurch, bevor ich maskiere.

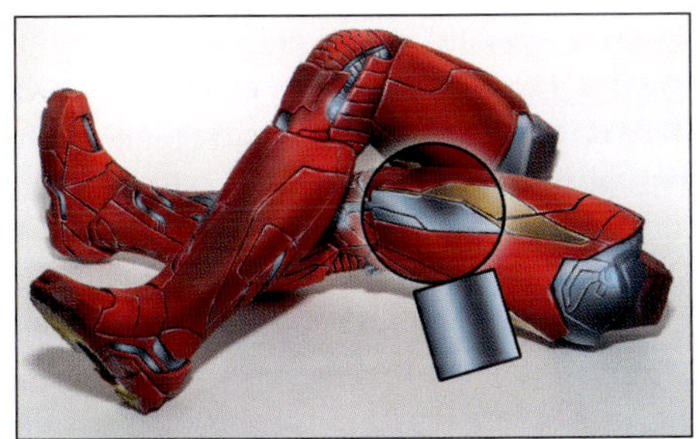

Schritt 19: NMM – Non Metallic Metal

Vielleicht haben einige von euch schon davon gehört oder wenden die Technik schon seit Jahren an. Ich bin nicht der große NMM Guru und habe auch nur begrenzte Fähigkeiten, aber mit jedem Modell lernt man dazu und baut sein Verständnis darüber aus. Non Metallic Metal wird vor allen Dingen bei der Bemalung von Miniaturen und Büsten angewendet. Dabei werden metallene Flächen mittels Farbverläufen imitiert. Dabei werden Farben ohne Metallpigmente verwendet. Im Endeffekt hat jeder Airbrusher, der mal Chrom simuliert hat, schon mal NMM gemalt.

Schritt 20: NMM-Formel

Auf einem dreidimensionalen Objekt ist das aber durchaus schwerer als auf einer glatten Fläche, die nur eine Blickrichtung ermöglicht. Bei einem 3D-Modell muss der Effekt aus jedem Blickwinkel wirken, was die Sache erschwert. Als einfachste Formel kann man sich merken, dass Flächen, die der Lichtquelle zugeneigt sind, heller sein müssen als Flächen, die von der Lichtquelle abgewandt sind. Doch ganz so einfach ist es leider nicht, denn Metallflächen reflektieren den Himmel, den Boden und sich gegenseitig. Das kann man bis ins Unendliche treiben, aber wenn man nicht gerade Chrom darstellen muss, kann man die Reflektionen auch etwas weniger realistisch darstellen, ohne den NMM-Effekt zu verlieren. Die beste Referenz dazu ist die Natur. Schaut euch Körper an, die in ihrer Form der entsprechen, die ihr bemalen wollt. Referenzen gibt es genug. Bei kleinen Flächen hilft es oft, wenn ein helles Verlaufsende auf ein dunkles Verlaufsende einer anderen Fläche trifft. Bei Youtube lassen sich auch sehr viele Anleitungen zu diesem Thema finden.

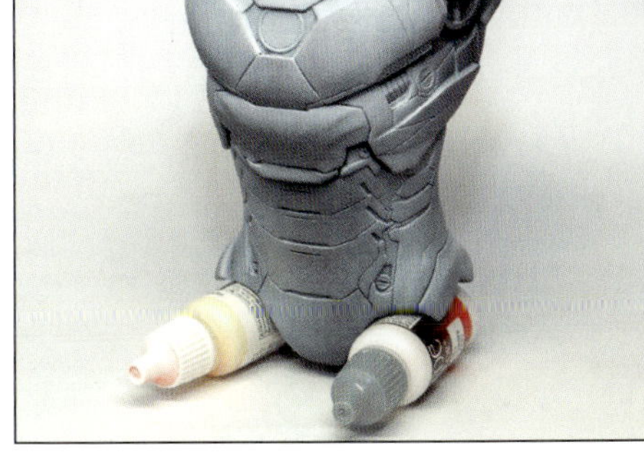

Schritt 21: Die Stahlteile im Detail

Anhand der Stahlflächen am Torso zeige ich euch Schritt für Schritt, wie ich vorgegangen bin. Alle anderen Flächen sind auf dieselbe Weise von mir bemalt worden. Als Erstes habe ich meine Grundfarbe Fieldblue von Modellcolor auf alle zu bemalenden Flächen aufgetragen. Das hilft nicht nur, die richtigen Flächen zu finden, sondern gibt eine gute Grundlage, von diesem Grundton aus heller und dunkler zu verlaufen.

Schritt 22: Lichtstellen

Danach fing ich an, Fieldblue mit Steel Grey zu mischen und die Stellen, welche dem Licht zugewandt sind, aufzuhellen. Zusätzlich suchte ich Stellen, wo sich das Licht natürlich brechen würde, und hellte diese ebenfalls auf. Mein Farbgemisch hellte ich bei jeder Farbschicht mit Weiß etwas mehr auf. So wurden die Stellen über mehrere Schichten immer heller, wobei die Flächen mit zunehmender Helligkeit immer kleiner wurden.

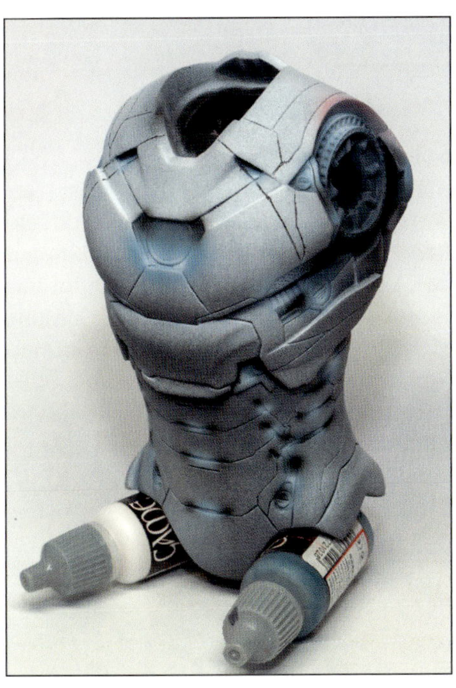

Schritt 23: Schattenbereiche

Nun folgten die Schatten. Ich mischte das Fieldblue mit Schwarz und schattierte die vom Licht abgewandten Flächen ab. Zwischen den Reflexionen setzte ich immer wieder auch dunkle Flächen, um den Effekt der Reflexionen zu verstärken.

Schritt 24: Blau-Türkisschimmer

Als letzten Schritt habe ich noch, wie oben beschrieben, Modelcolor Light Turquoise auf einige der helleren Flächen aufgesprüht, um einen Blau-/Türkisschimmer zu erzeugen. Damit zufrieden, habe ich eine Schicht Acryl-Klarlack zum Schutz der Farbfläche aufgetragen.

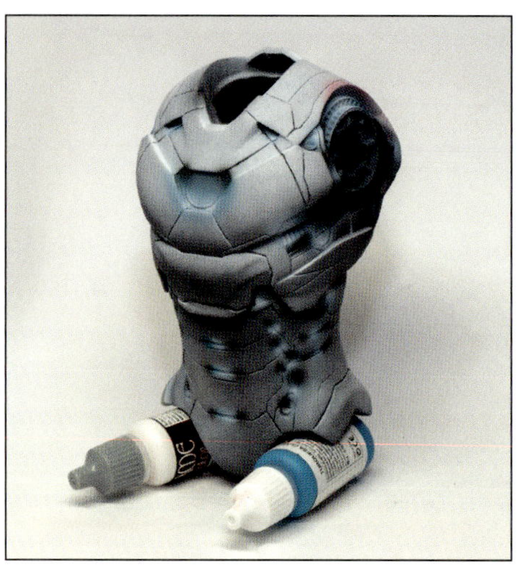

Schritt 25: Roter Torso

Die Gestaltung der roten Bereiche habe ich ja am Kopf schon erläutert, deshalb springe ich nun direkt zum entsprechenden Zwischenstand des Torsos. Nach den ganzen Verläufen sieht der Ironman schon recht passabel aus. Doch es fehlt an Kontrast und Tiefe. Dafür brauchen wir feineres Werkzeug. Also ran an den Pinsel.

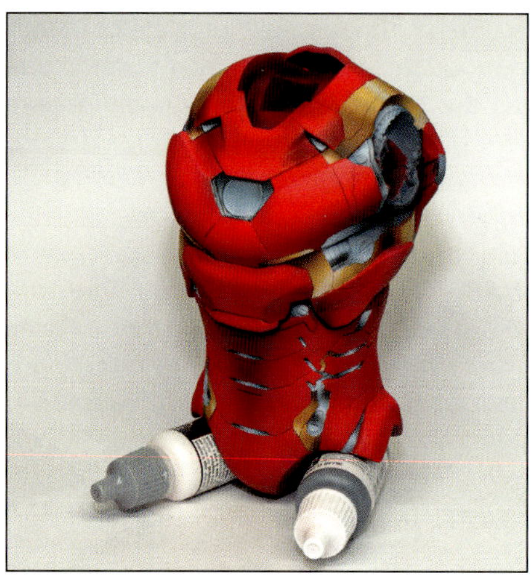

Schritt 26: Schwarze Vertiefungen

Als ersten Schritt mische ich die Hauptfarben mit Schwarz und fahre mit dem Pinsel vorsichtig durch die Vertiefungen. Das gibt einen Effekt, der in Computerspielen „ambient occlusion" genannt wird. Wir simulieren damit Annäherungsschatten. Diese entstehen, wenn sich zwei Objekte einander annähern.

Schritt 27: Highlights

Im zweiten Schritt mische ich die Hauptfarben mit Weiß und helle die Kanten auf. Das geht am besten, wenn man den Pinsel quer zur Kante führt. Mit etwas Übung geht das leicht von der Hand. Dort, wo sich zwei Kanten treffen, verstärke ich den Effekt und helle mehr auf. Das Highlighting oder Kantenbetonen ist ein sehr geduldfordernder Arbeitsschritt, der aber am Ende sehr belohnt, wenn man sich die Mühe macht.

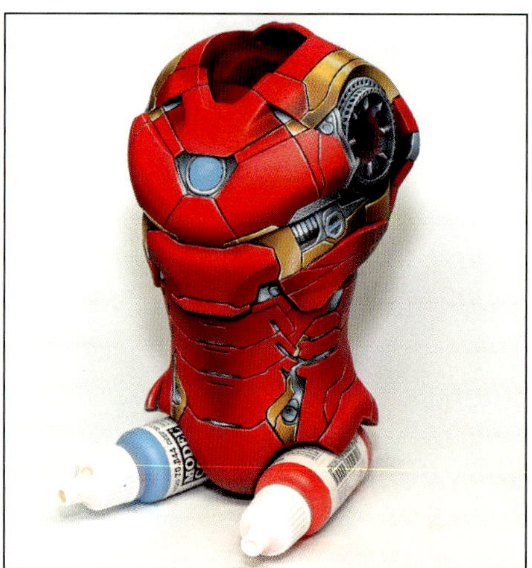

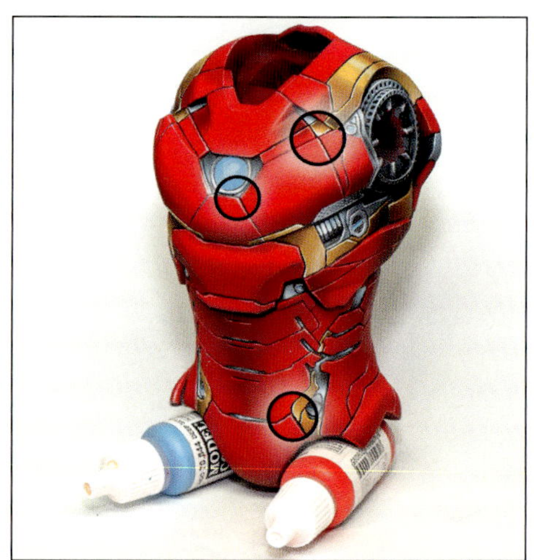

Schritt 28: Leuchteffekte

Als letzten Schritt vor der abschließenden Schutzlackierung trage ich alle Leuchteffekte wie oben beschrieben mit der Airbrush auf. Hier ist Vorsicht geboten und ihr solltet so kurz vor Schluss nicht hektisch werden. Mehrere dünne Schichten führen hier zum Erfolg. Sobald ihr mit dem Effekt zufrieden seid, Klarlack drüber und fertig.

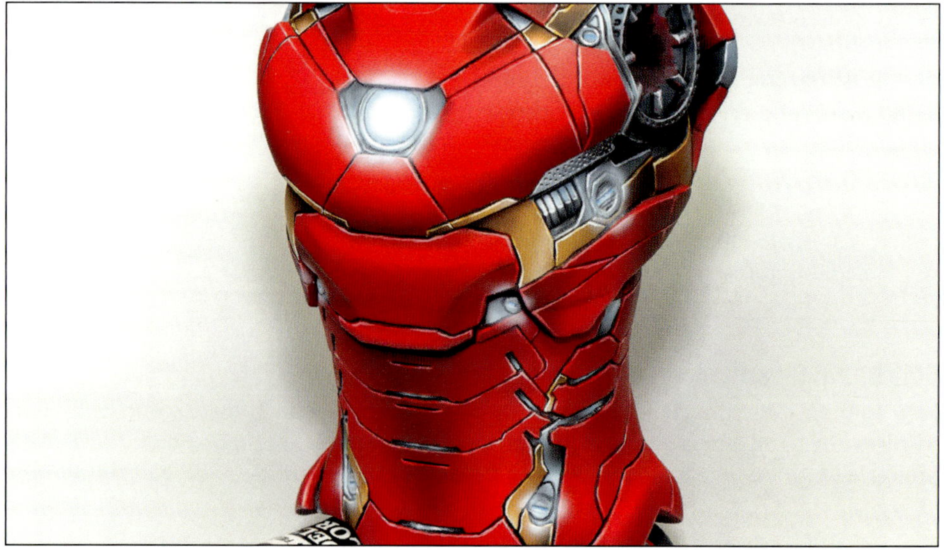

Schritt 29: Rauchwolke

Was noch fehlt, ist die Abgaswolke und die Base. Die Wolke habe ich so bemalt, als ob das Licht aus den Schubdüsen in den Füßen kommen würde. Daher sind diese Stellen besonders hell. Dort, wo die oberen Rauchteile sich verdicken, habe ich diese von Orangetönen über Rot bis hin zu Schwarz aufgesprüht. Unterhalb der Düsenstrahlen habe ich einen gelben Schein aufgesprüht, um das Licht, welches aus den Strahlen scheint, zu simulieren.

Schritt 30: Die Base

Die Base selber ist nicht die, die zu dem Modell gehörte. Diese hätte ich aufgrund der Größe in 4 Teilen drucken, diese dann zusammenkleben und alle Nähte verspachteln und schleifen müssen. Ich wollte lieber eine Base, die aus einem Stück besteht und ein ordentliches Gewicht aufweist. So kann der Ironman nicht umfallen oder umkippen, wenn man dagegen stoßen sollte. Ich möchte an dieser Stelle dankend meinen Arbeitgeber, die Heine-GmbH, erwähnen, die mir die Base aus Holz gefertigt hat. Ich brauchte nur noch schwarz zu grundieren und schon hatte ich eine schicke stabile Base. Den Schriftzug habe ich übrigens selber entworfen und auf der Arbeit geplottet. Ich denke, die trägt super zur Gesamtoptik bei.

Schritt 31: Die Arbeit hat sich gelohnt

Die Arbeit hat sich gelohnt!
Ich hoffe, ich konnte euch für das Thema 3D-Druck und Airbrush begeistern, und stehe Euch für Fragen gerne zur Verfügung:
https://www.facebook.com/fanpage.thk.design

SPACE MARINE

Einfache Tabletop-Figur von Roger Hassler

Die Bemalung von Tabletop-Figuren ist hinsichtlich ihrer Gestaltungtechniken dem Modellbau und der 3D-Druck-Bemalung sehr ähnlich: Je nach Figur können hier Alterungs- und Verwitterungstechniken, Non-Metallic Metal-Effekte, Maskierungs- und Freihandtechniken, Mischtechniken, Effektfarben und andere Methoden genutzt werden, die auch auf anderen Modellen und Figuren zum Einsatz kommen. Aber: Bei Tabletop-Figuren ist alles viel kleiner! Die meisten Figuren sind gerade mal zwischen 24 und 30 mm groß. Da sind eine besonders ruhige Hand, feine Dosierungsfähigkeiten der Farbe und große Zielgenauigkeit beim Sprühen gefragt.

// GRUNDAUSSTATTUNG // Space Marine

Airbrush: Double Action 0,2 mm
Untergrund: SLR Druck (Resin)
Materialien: 20/0er Pinsel, Teller

Farben: Badger Stynylrez Primer Schwarz, Weiß, AK Night Blue, Badger Minitaire Lagoon Blue, Molotow Liquid Chrome, Hansa pro-color: Rot, Weiß, Gelb, Magenta, Umbra, Schwarz

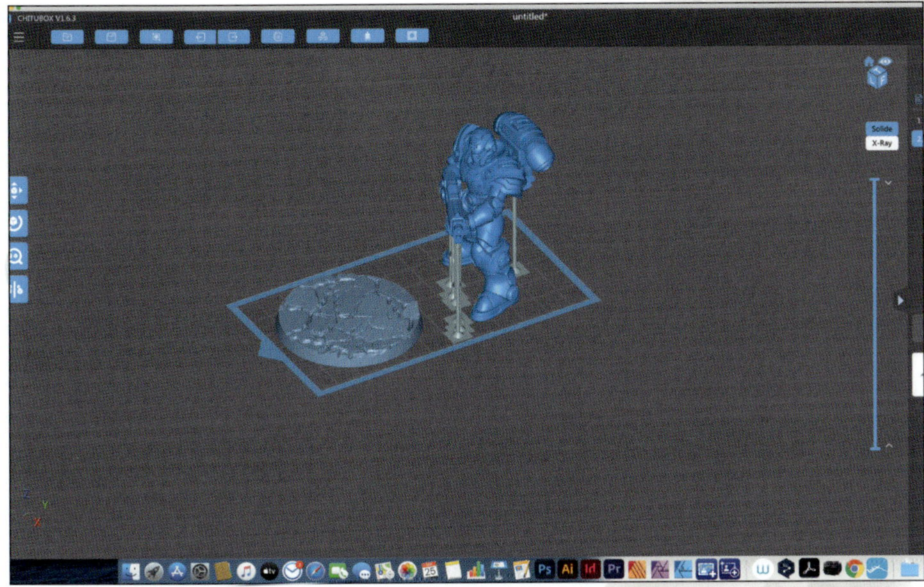

Schritt 1: Der 3D Druck

Bei meiner Figur handelt es sich nicht um eine fertige, gekaufte Figur aus dem Handel, sondern um eine 3D-gedruckte. Die Datei des Space Marines habe ich von MyMinifactory.com gekauft und heruntergeladen. Die Druckrealisierung erfolgte mit dem Elegoo Mars 3D Drucker. Das ist ein Resin-Drucker, der von der Oberfläche und Genauigkeit sehr gute Ergebnisse liefert. Die Vorbereitung habe ich mit der Chitubox-Software gemacht. Ich habe für den Druckprozess graues Resin verwendet. Andere Farben wären aber auch möglich, da ich sowieso eine dunkle Grundierung vornehmen werde.

Schritt 2: Farbentwurf

Um auszuprobieren, welche Farbigkeit mein Space Marine bekommen soll, nutze ich das Produktfoto des Herstellers, um darauf basierend die Farben einzustellen. Durch das ausgeleuchteten 3D-Grundobjekt hat man hier schon sehr schön die Licht- und Schattenbereich vorgelegt bekommen. Mit Photoshop nehme ich eine Änderung des Farbtons und der Sättigung sowie eine Tonwertkorrektur vor, um den Space Marine in ein metallisches Blau einzufärben. Ich definiere die unterschiedlichen Farbbereiche und probiere ein paar Beleuchtungseffekte aus. So habe ich einen sehr guten Leitfaden, um die Farben auf der Figur aufzubauen.

Schritt 3: Primer

Sind der 3D-Druck und das Farbkonzept fertig, kann's mit dem Bemalen ja losgehen. Ich nutze schwarzen Badger Stynylrez Primer zur Grundierung meines Space Marines. Ich trage den Primer in mehreren dünnen Schichten mit der Airbrush auf. Ich sprühe von allen Seiten, so dass überall eine gleichmäßige Deckung vorhanden ist. Der Primer sorgt dafür, dass die nachfolgenden Farben gut haften, und gibt dem Motiv einen Basisfarbton. Der Primer trocknet in kurzer Zeit auf, so dass man schon recht schnell mit dem nächsten Farbauftrag beginnen kann.

Schritt 4: Grundierung

Die Bemalung der Figur erfolgt von hinten nach vorne. Das bedeutet, erst werden die dunklen Farben aufgetragen, dann folgen die helleren Farbtöne. Als ersten Farbton sprühe ich die Figur daher mit mehreren Schichten AK Night Blue über. Der Farbton verbindet sich mit der schwarzen Grundierung und es wird somit ein dunkelblauer Farbauftrag sichtbar.

Schritt 5: Zweiter Farbton

Jetzt werden die ersten Highlights auf die Wölbungen gesprüht. Dafür mische ich 1:1 mein dunkles AK Night Blue mit Minitaire Lagoon Blue von Badger. Dadurch wirkt der Marine schon mal deutlich heller. Das Gewehr lasse ich bei diesem Malprozess aus, da es später in anderen Farben bemalt wird.

Schritt 6: Dritter Farbton

Im nächsten Schritt werden die Highlights heller. Zu meiner bisherigen Blaumischung kommt etwas Weiß hinzu, um diese aufzuhellen. Diese helle Mischung sprühe ich mit etwas näherem Abstand zur Figur – ebenfalls auf die Wölbungen, aber in einem engeren und schmaleren Feld. Hierbei dient mir mein vorheriger Farbentwurf sehr gut als Hilfe.

Schritt 7: Weiße Highlights

Noch enger gefasst sprühe ich mit Weiß die ganz oben liegenden Highlights auf den Wölbungen der Figur auf. Die Nadelschutzkappe habe ich dabei entfernt, damit ich jederzeit die angetrocknete Farbe an der Nadelspitze entfernen kann. Macht man das nicht, kommt es beim Sprühen zum Stocken oder die Farbe kommt etwas sprenkelig aus dem Gerät.

Schritt 8: Vertiefungen

Jetzt greife ich zu einem sehr feinen Pinsel. Mit einem 20/0er-Pinsel und einer Mischung aus Schwarz und Night Blue ziehe ich alle Rillen nach, um die einzelnen Bauteile der Rüstung optisch zu trennen und hervorzuheben. So entsteht der Eindruck von harten Schattierungen. Dieser Farbauftrag ist noch recht einfach, weil der Pinsel recht gut durch die Vertiefung geführt wird.

Schritt 9: Kanten betonen

Mit Weiß und ebenfalls einem sehr feinen Pinsel werden jetzt die Außenkanten betont. Das hebt die einzelnen Bauteile der Rüstung mit Highlights hervor.

Schritt 10: Gewehr-Grundierung

Die Grundierung des Gewehrs erfolgt mit Schwarz und einem Pinsel. Das geht recht schnell und präzise. Man könnte das auch mit dem Airbrush-Gerät machen, dann müsste man aber den Rest maskieren.

Schritt 11: Gewehr bemalen

Mit Schwarz und etwas Weiß mische ich mir ein Grau, um einige Bereiche des Gewehrs wie z.B. die Rundung am Gewehrlauf hell hervorzuheben. Auch hier nutze ich einen feinen Pinsel. Anschließend betone ich mit Weiß die Kanten, um die Formgebung der Waffe zu betonen.

Schritt 12: Visier

Damit das Visier nicht ganz so langweilig aussieht, habe ich mich entschieden, dieses mit Chrom-Farbe von Molotow anzumalen. Diese Farbe spiegelt die Umgebung und das Licht und macht somit einen tollen Effekt.

Schritt 13: Die Base

Die Base der Figur ist noch im Resin-Grau. Um schnell Struktur aufzubauen, tupfe ich als Erstes mit einem Papiertuch und Weiß auf die Oberfläche. Dabei drehe ich das Tuch immer mal wieder, damit die Struktur unregelmäßig wird. Danach gehe ich im Washing-Verfahren mit einem Umbra-Wassergemisch über die Oberfläche. Das färbt das Ganze an einigen Stellen ein und die Risse werden dunkler. Um die Risse noch weiter abzudunkeln, ziehe ich diese noch mit zusätzlichem Schwarz nach. Dann sprühe ich eine Mischung aus Umbra, Gelb und etwas Wasser über den Untergrund, um diesen bräunlich einzufärben. Damit der Untergrund noch sandiger aussieht, sprenkle ich mit der Schlauch-Abknickmethode und Weiß über die Oberfläche. Zusätzlich sprenkle ich danach mit Schwarz. Bei Bedarf kann man die Kombination aus Tupfen, Sprenkeln und Einfärben wiederholen. Abschließend setze ich mit einem Pinsel an einigen Kanten mit Weiß noch Highlights.

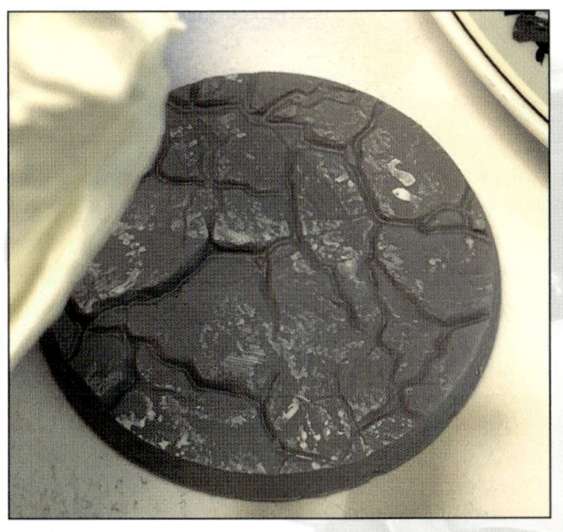

Schritt 14: Raketenrucksack

Der Raketenrucksack bekommt einen speziellen Effekt. Hier möchte ich ein Leuchten mit Airbrush erzeugen. Dazu sprühe ich einen breiteren Sprühpunkt auf die Triebwerke mit deckenden Rot. Dann kommt ein kleinerer Punkt mit Gelb in die Mitte und zum Schluss noch ein ganz kleiner mit deckender weißer Farbe.

Schritt 15: Die Stiefel

An den Stiefeln habe ich jeweils symmetrisch noch ein leuchtendes Element aufgesprüht – zunächst mit Magenta und etwas mehr Streuung, damit sich etwas Färbung auch in der Umgebung verteilt, und dann mit Magenta und Weiß etwas in die Mitte. Ganz zum Schluss setze ich mit Weiß noch einen kleinen Punkt hinein.

Schritt 16: Letzte Details

Auch am Gewehr und am Helm habe ich Leuchtpunkte platziert. Am Helm mit dem Pinsel und am Gewehr mit Airbrush und Pinsel. Auch hier habe ich erst mit Rot den Schein gesprüht und dann in die Mitte mit Gelb einen kleinen Punkt gesetzt. Fertig ist der Space Marine.

Marc de Bruijne

Der gebürtige Essener Marc de Bruijne startete zunächst seine berufliche Laufbahn als gelernter Industriemeister in Elektrotechnik. Bereits in seiner frühen Jugend entwickelte er eine große Leidenschaft fürs Malen und Zeichnen. Seine Begeisterung für Science-Fiction beweisen seine ersten modellierten FanArt Alien Skulpturen aus der gleichnamigen Filmreihe. Von 2015 bis 2018 absolvierte er ein Studium zum Illustrator und DTP-Computer Grafiker am IBKK in Bochum. Als er dort die Airbrush-Technik und ihre unendlichen Gestaltungsmöglichkeiten kennenlernte, war es Liebe auf den ersten Blick. Mit Ausdauer und harter Arbeit hat er sich seinen Traum vom beruflichen Airbrush-Künstler erfüllt. Sein Spektrum reicht von seiner liebsten Technik, der Airbrush-Kunst, über Acrylmalerei und Wand- und Objektgestaltung bis hin zu Mischtechniken und Digital Art. Seine Werke können u. a. in Airbrush-Magazinen und sogar auf offener Straße auf Stromkästen bestaunt werden. Er übernimmt Auftragsarbeiten und erfüllt seinen Kunden dabei fast jeden Wunsch. Außerdem gibt er Workshops in seinem Atelier in Essen Frohnhausen.
www.mdb-art.com

Mathias Faber

Mathias Faber ist seit seiner frühen Jugend vom anspruchsvollen Modellbau und Modellbahnen fasziniert. Er lernte die Airbrushtechnik mit all ihren Finessen durch seine künstlerische Tätigkeit als Maler und Grafiker kennen. Aufbauend auf seine Lehrtätigkeit im Bereich Grafik, Malerei und Airbrush veröffentlichte Faber bereits Mitte der 80er Jahre die 1. Auflage des großen Nachschlagewerks „Airbrush perfekt, Geräte • Farben • Anwendungstechniken für Künstler“. Mit dem Buch „Airbrush im Modellbau, Farbe auf Stand- und Funktionsmodellen“ hat der Künstler ein Standardwerk für Hobby und Beruf geschrieben. Daneben sind aktuell seine Werke „Modellbahn realistisch gestalten“ und „Erste Hilfe Airbrush“ im Handel erhältlich. Sein Wissen und seine Erfahrung gibt Mathias Faber auch gerne in seinen speziell für Modellbahner und Modelbauer konzipierten Seminaren weiter.

Manfred Finkenzeller

Von Jugend an war Manfred vielseitig kreativ veranlagt und interessierte sich für Malerei und technisches Spielzeug. Während seiner Ausbildung zum Maschinenschlosser konnte er viele wichtige Grundkenntnisse für seinen künstlerischen Werdegang erlernen. Holz-, Stein-, Metallbearbeitung sowie Tiffanyglas- und Tonobjekte waren weitere gestalterische Stationen. Bei einem Messebesuch kam es zur Begegnung mit „Airbrush-Pionier“ Michael Mette. Seine beeindruckende Vorführung führte zum Kauf seiner eigenen Airbrushpistole im Jahr 1986. Autodidaktisch und mit wenigen Büchern, die es in dieser Zeit über die Airbrush-Technik gab, erlernte er sein neues Hobby. Dabei waren es gerade kleine Objekte wie Fingernägel, Modell- Eisenbahnen und Autos, die ihn zum Bemalen reizten. Nicht zuletzt aufgrund seines Berufes als Lokführer und passionierter Modellbauer wurden seine realistisch gestalteten Lokomotiven zum Schwerpunkt seines Hobbys. 1996 gründete er mit Gleichgesinnten den „Airbrush-Treff Ingolstadt“, um den Erfahrungsaustausch in monatlichen Treffen zu fördern. Manfred Finkenzeller lebt mit seiner Familie in Ingolstadt.

Jürgen Grabowsky

Vor über 30 Jahren kam Jürgen Grabowsky durch seine Leidenschaft für den Modellbau amerikanischer Fahrzeuge im Maßstab 1:25 zum Airbrushen. Die ersten Ergebnisse seiner Sprühdosen-Lackierungen fielen allerdings eher bescheiden aus, deshalb kaufte er sich eine Humbrol Studio 1 und ein Buch über Airbrush. Im Laufe der Jahre hat Grabowsky seine Technik ständig weiterentwickelt, fertigt Auftragsarbeiten an und ist natürlich auch weiterhin im Modellbau tätig. 2004 veröffentlichte er ein Fachbuch mit dem Titel „Airbrush & Modellbau“, in dem er viele seiner Tipps und Tricks zu diesem Thema preisgibt. 2010 brachte er den zweiten Teil als Anleitungs-CD heraus. Auf seiner Webseite findet sich ein Querschnitt aus ca. 20 Jahren Airbrush-Arbeit und vielerlei Material, das sich als Inspirationsquelle für Airbrusher und Modellbauer eignet.
www.airarts-aam.de

Roger Hassler

Roger Hassler wurde 1972 in Hameln geboren und arbeitet als Grafik-Designer und kreativer Kopf in seiner eigenen Werbeagentur und Verlag in Schwarzenbek bei Hamburg. Im Bereich der Airbrush-Technik greift Roger Hassler auf langjährige Erfahrung zurück. In seiner Jugend begann er mit Computergrafiken und machte sich in dortigen Kreisen mit Veröffentlichungen verschiedener Art bereits einen Namen. Es folgte die Auseinandersetzung mit den herkömmlichen Maltechniken, bis er die Airbrush-Technik entdeckte und sich diese autodidaktisch aneignete. Seine fotorealistischen Motive sind größtenteils aus den Bereichen Fantasy, Luftfahrt, Science Fiction sowie der surrealistisch geprägten figürlichen Darstellung. Seit fast 25 Jahren vermittelt er sein Wissen in Kursen, seit 15 Jahren produziert er Anleitungs-DVDs, schreibt und verlegt Airbrush-Bücher sowie das Fachmagazin Airbrush Step by Step. Er engagiert sich im Airbrush-Fachverband e.V. und setzt sich für die Bekanntmachung und Verbreitung der Airbrush-Technik ein, indem er auf Messen und Veranstaltungen Workshops, Vorführungen und Vorträge hält.
www.rogerhassler.de www.airbrush-magazin.de www.newart.de